U0173817

物 理 中 的
Möbius 反演

陈难先　◎著

北京大学出版社
PEKING UNIVERSITY PRESS

图书在版编目 (CIP) 数据

物理中的 Mobius 反演 / 陈难先著 . — 北京：北京大学出版社，2024.1
ISBN 978-7-301-34473-6

Ⅰ.①物…　Ⅱ.①陈…　Ⅲ.①灭比乌斯反演公式　Ⅳ.① O157

中国国家版本馆 CIP 数据核字 (2023) 第 180289 号

书　　　名	物理中的 Möbius 反演	
	WULI ZHONG DE Möbius FANYAN	
著作责任者	陈难先　著	
责 任 编 辑	刘啸	
标 准 书 号	ISBN 978-7-301-34473-6	
出 版 发 行	北京大学出版社	
地　　　址	北京市海淀区成府路 205 号　100871	
网　　　址	http://www.pup.cn	
电 子 邮 箱	zpup@pup.cn	
新 浪 微 博	@ 北京大学出版社	
电　　　话	邮购部 010-62752015　发行部 010-62750672　编辑部 010-62754271	
印 刷 者	北京中科印刷有限公司	
经 销 者	新华书店	
	730 毫米 ×980 毫米　16 开本　13.25 印张　260 千字	
	2024 年 1 月第 1 版　2024 年 1 月第 1 次印刷	
定　　　价	88.00 元	

前　　言

　　20 世纪 80 年代, 人类进入信息时代, 科学技术中的各种逆问题蓬勃兴起. 从卫星遥感技术中抽象出来的黑体辐射逆问题就是其中之一, 它在 *IEEE Trans. AP* 等重要杂志上不断争论长达八年. 1990 年, 在纯数学圈里玩耍了一个多世纪的 Möbius 反演公式, 终于摆脱了束缚, 跑到物理的原野上深情地唱出了奇妙的小曲, 在物理世界的争论里留下了难忘的涟漪. 不到 20 天, *Nature* 主编 Maddox 这位著名理论物理学家就在 *Nature* 上发表了整版评论 *Möbius and problems of inversion* (见图 1 和图 2), 对此工作做出了高度评价, 认为将 Möbius 反演应用到物理中逆问题的研究这件事值得庆贺, 应予推广.

　　这本小书的目的是要告诉读者, 物理学中不少地方都存在着运用 Möbius 反演的条件和机会, 一旦用上 Möbius 反演, 问题中大量复杂的振荡项就会自动抵消, 十分简美的结果就会脱颖而出. 书中对 Bose 体系、Fermi 体系、晶格体系、界面体系、调制体系中有关问题做了比较具体的分析和介绍, 使读者体会到 "帽子里变出兔子" 似的美妙, 以及物理思维和数学逻辑之间 "性相近、习相远" 的趣味.

　　这本小书可作为理工科大学生、研究生及工程技术人员的读物, 侧重与物理的联系, 不追求数学上的严格和高深. 希望这个小册子能做到通俗, 但决不平庸. 这是笔者的期望, 也是笔者的一次探索和试错.

　　此书的写作曾得到许多老师和同人的鼓励和帮助, 尤其是柳孟辉、潘承彪、王元、陈兆斗、谢谦和龙瑶. 图 3 是王元 2008 年给笔者的信的扫描件. 武汉大学袁声军、南方科技大学叶飞、清华大学丁思凡与樊政、重庆大学马丽平等曾提出宝贵意见. 北京科技大学和清华大学曾为笔者开展有关工作提供良好条件. 另外, 清华大学物理系在十年前促使 *Möbius Inversion in Physics* 一书出版. 此后经过在清华大学、武汉大学和奥斯陆大学的多次讲座, 本书在结构和内容上已较前有大幅变动和更新. 笔者在此一并表示感谢. *Nature* 前主编 John Maddox 是一位理论物理学家, 曾对此工作方向发表整版评论, 也留此感念.

陈难先

2023 年 7 月于北京清华园

NEWS AND VIEWS

Möbius and problems of inversion

Who says that the theory of numbers is strictly academic? An old theorem due to Möbius has unexpectedly proved to be a way of solving physical problems of inversion that may have important applications.

THE belief that pure mathematics is only fortuitously useful is widely shared, even by mathematicians. So why is the practice of science increasingly mathematical? There are two explanations. First, good luck; mathematicians do so many things that some of them must be useful. Second, psychology; the purest mathematicians have an unconscious sense of the urgent problems of the real world, and shape their interests accordingly.

There is also, of course, the Hilbert phenomenon. David Hilbert (1863–1943), whose first claim on public attention was his demonstration that Euclid's axioms are not the self-consistent structure they had seemed for two millennia, afterwards bent his talent to the solution of physicists' problems, founding a tradition now carried on by people such as Atiyah (Oxford) and L. D. Fadeev (Moscow).

But there may also be something in the view that all mathematics is potentially useful, that mathematicians have littered the literature with gems of technique whose usefulness is waiting to be discovered. For did not the nineteenth century's preoccupation with continued fractions prove useful, if briefly, in field theory? Did not Hamilton's quaternions, devised as a means of completing the algebra of vector quantities by the definition of a quotient, turn out to have interesting connections with the spinor algebra of relativistic quantum mechanics?

That is the spirit in which one should celebrate the use now discovered for a recondite contribution to the theory of numbers by Möbius (1790–1846), best known for the topological conundrum called the Möbius strip. Among other things, Möbius noted a simple inverse relationship between functions in number theory, which takes the following form.

First, take some function $f(n)$ of the integer variable n and another function $F(n)$ defined as $\Sigma f(d)$, where the summation runs only over the divisors of n, 1 and n included. Then, according to Möbius, it is possible to invert the functional relationship into the simple $f(n) = \Sigma \mu(d) F(n/d)$ where the sum again runs over all divisors of n, and where the coefficients $\mu(d)$, all either zero or ± 1, reflect the prime composition of d.

Briefly, $\mu(1) = 1$, and $\mu(d) = 0$ except when d is either a prime number or a composite number which is the product of, say, r distinct primes, when it has the value $(-1)^r$. One can while away hours on

aircraft journeys verifying that the inversion works. To show that $\Sigma \mu(d)$ differs from zero (with the same restrictions on the summation) only when $n=1$ requires more ingenuity; one has to express n as a formal product of prime numbers and then show that the sum is $(1 - 1)^n$.

What use is this? Inversion is the key word. Physical problems are most often inversion problems — inferring the velocity profile in the Earth's crust from seismic signals, for example, or the linear distribution of interplanetary electron density from the measured Faraday rotation of the plane of polarization of a radio signal from a satellite of some kind. And now Nan-xian Chen, from the Technical University at Beijing, has turned Möbius's inversion theorem to practical use by the exercise of more than a little ingenuity (*Phys. Rev. Lett.* **64**, 1193; 1990). The work was done when Chen was at the International Institute of Theoretical Physics at Trieste.

The trick is to show that the integers in Möbius's inversion formula can be replaced by continuous variables, which hangs on a proof that the infinite series arising do indeed converge. The essence of Chen's paper is the proof that if $A(\omega) = \Sigma B(\omega/n)$, where the summation extends from $n = 1$ to infinity, the inverse is given by $B(\omega) = \Sigma \mu(n)A(\omega/n)$, with the same summation rule.

Chen proves his point by demonstration, with a string of examples only otherwise solved with difficulty. One of them, a new result, is neat enough at least to illustrate the potential power of the method. Suppose that the vertices of an infinite one-dimensional lattice are all occupied with interacting atoms, so that any one of them experiences a potential $V(x) = \Sigma v(nx)$, where the summation in n is from 1 to infinity and $v(x)$ is the elementary pair-wise interaction. How, one might ask, can that be related explicitly to $V(x)$, which might be measurable? What the inversion gives is simply $\Sigma \mu(n)V(nx)$ or, more explicitly, $V(x) - V(2x) - V(3x) - V(5x) + V(6x) \ldots$

A more interesting example is that of how it may be possible accurately to infer the frequency distribution of the vibrational states of a solid lattice, say $g(\nu)$, from measurements of specific heat at constant volume. Apart from numerical factors involving Planck's constant and Boltzmann's constant, the latter is simply

the integral from zero to infinity of $\nu^2 g(\nu)$ weighted by an appropriate Planck-Boltzmann factor allowing for the increased excitation of higher frequencies with increasing temperature. At low temperatures, it is usually feasible to represent the measured specific heat as a power series in the temperature T, beginning with a cubic term.

As if pulling a rabbit out of a hat, Chen relates $g(\nu)$ directly to the measured coefficients in the power series representing the specific heat. As a reminder that the theory of numbers lies at the basis of all this sleight of hand, values of Riemann's zeta function for integral multiples of 2 appear throughout, which means that they can be written as Bernoulli numbers. Chen's other example is that of inferring the temperature distribution of a composite black body from measurements of its power output, which he says is a problem of current interest in remote sensing.

Where will all this lead? The ideal, for Chen, would be that somebody should put a previously unsolved problem through the new Möbius mill. It will be interesting to see which problems first suggest themselves as candidates. A more demanding question is whether it will be feasible to extend the trick to problems that are not simply one-dimensional. On the face of things, that might seem a mere formality, but it takes only a little scribbling to run into problems essentially tied up with the multiple connectedness of all but one-dimensional spaces. But that should not be a discouragement; rather, a challenge. It is fair to guess that, with Chen's proof that even Möbius has something to tell the modern world, a small army will now be scouring the literature of the theory of numbers in the hope of finding other useful tools in what may have been unjustly regarded as a backwater.

There is no shortage of material. Chen himself quotes the fifth edition of the classic *Theory of Numbers* by G. H. Hardy and E. M. Wright (Clarendon, Oxford; 1979), which does indeed tell all about the Möbius inversion without hinting that it may have physical application. Alongside that is a neat proof that Ramanujan's sum, defined as $\Sigma e^{(2\pi i h m/n)}$ with the sum in h running only over values less than n and prime to it, is also $\Sigma \mu(n/d)d$, where d is both a divisor of m and n. Surely, one is bound to ask, there must be some value in that?   **John Maddox**

图 1　Maddox 在 *Nature* 上的评论的扫描件

Möbius 与逆问题

谁说数论是纯粹学术性的而与实用无关？古老的 Möbius 定理
出乎意料地被证明可用来解决物理上有重要应用的逆问题

认为纯粹数学只是碰巧才有用处，是广为流传的观念．连数学家自己也不例外．但科学的实际发展为什么愈来愈数学化了呢？存在两种解释．第一说是碰运气，数学家做了这么多事，里边总有一些是有用的．第二说是心理上的．纯粹数学家对现实世界中紧迫问题总会有不自觉的感受或自觉，这就会影响到他们的兴趣和方向．

当然，还有一种所谓 Hilbert 现象．David Hilbert (1863—1943) 原来是做纯数学的，他的第一项闻名于世的工作是证明流传两千年之久的 Euclid 公理结构内部并非自洽．后来，他把全部精力都用于解决物理问题，并奠定了现在由牛津大学 Atiyah 和莫斯科大学 L. D. Fadeev 等人传承下来的传统．

但也有人认为全部数学都有潜在的应用，而数学家把很多技术上有用的珍宝都散乱地埋在文献里呢．它们的用处要有人去发现．19 世纪发现的连分数就是后来才用到场论中去的．Hamilton 的四元数起先也只是作为矢量代数的工具，直到近代才与相对论量子力学中的旋量代数发生有趣的联系．

本文总的意图是要庆贺最近使 Möbius 在数论方面的一条别扭的定理得到应用之事．拓扑学上的扭结或 Möbius 带是众所周知的．Möbius 还有一条关于函数间的反演关系的定理．下面简单介绍一下．

若有两个自变量为整数的函数 $f(n)$ 和 $F(n)$ 之间存在关系 $F(n)=\Sigma f(d)$，求和是对 n 的所有因子包括 1 和 n 进行．根据 Möbius 反演定理，可用 $F(n)$ 将 $f(n)$ 展开成 $f(n)=\Sigma\mu(d)F(n/d)$，求和方式同前，即 d 经历 n 的所有因子．此中展开系数 $\mu(d)$ 称为 Möbius 函数，它的取值总在 0 与 ±1 三者之间．若 d 含有重复因子，$\mu(d)=0$；若 d 为 r 个相异素数的乘积，则 $\mu(d)=(-1)^{r}$；特别是 $r=0$ 对应着 $\mu(1)=1$．读者在出差途中花个把小时，就可验证这条定理．用同样的求和方式，可证明 $\Sigma\mu(d)$ 只在 n 等于 1 时才不等于零，这要动点脑筋．可以先挑出能表成 r 个不同素数乘积的 n，然后证明这个求和等于 $(1-1)^{r}$．

这条定理用处何在？关键在逆问题这词．物理问题多半是逆问题．例如从地震数据中分析出地壳运动的速度分布；从光的偏振面旋转 (Faraday 旋转) 推断各类电子轨道的线性组合情况．今天，北京科技大学的陈难先通过几个相当有创造性的例子把 Möbius 反演定理用来解决实际问题 (*Phys.Rev.Lett.* **64**, 1193, 1990)．陈氏文章要

旨是表明 Möbius 公式中的整数自变量可换成连续变量，并证明了相应无穷级数的收敛性．换言之，陈氏证明，若 $A(\omega)=\Sigma B(\omega/n)$，则 $B(\omega)=\Sigma\mu(n)A(\omega/n)$，此中 n 从 1 到无穷．

陈氏通过一系列用其他方法都难以解决的实例来说明他的想法．其中一个是从一维无限原子链中任何一个原子所受的结合能 $V(x)=\Sigma v(nx)$，推导出任何两个原子间相互作用势为 $v(x)=\Sigma\mu(n)V(nx)$．这是个新结果，方法极其巧妙．这至少也说明了数论方法的潜在威力．

更有意思的是从等容比热的测量如何导出固体晶格振动频率分布．略掉 Planck 常数和 Boltzmann 常数的具体数字，比热可以表成 $v^{2}g(v)$ 与 Planck—Boltzmann 因子乘积从零到无穷的积分．此中的 Planck—Boltzmann 因子反映着温度增加可激发更多的高频声子．在低温下，可将比热展成温度的幂级数，第一项是三次方幂．

陈氏的做法就像魔术师从帽子里变出兔子似的，他一下子就把频率分布和可测量的比热幂级数联系起来了．回过头来，数论真是以所有技巧为基础的．既然处处出现自变量为偶数的 Riemann ζ 函数，自然可写成 Bernoulli 数了．陈氏的另一例子是从复合黑体辐射能流频谱推出它的表面温度分布．据称，这在当今遥感研究中很有意义．

按照陈氏的观点，后面一定有人来利用这新开发的 Möbius 作坊去解决一些过去不曾解决的问题．有趣的是要看，哪一个问题会排在第一个？笔者认为，一个更迫切的问题是要把这方法推广到高维的情况，而不仅限于简单的一维．表面上看，这只是形式，只要稍费功夫，就可进入不同维数空间中的各种问题．这是一项挑战．陈氏已经阐明，连 Möbius 都能对当今世界的问题有所启发．我们自然会猜想，现在已有一支队伍正在对数论文献仔细搜索，要从"旧书堆"中找出有用工具．

资料并不少，陈氏引用的是 Hardy 和 Wright 的数论经典著作，此书确实讲到 Möbius 的各个方面，但并未触及可能的物理应用．书中还有一个非常巧妙的 Ramanujan 公式，即 $\Sigma exp(2\pi ihm/n)$ 和 $\Sigma\mu(n/d)d$ 相等．第一个求和对 h 进行，h 是模 n 同余类中元素，且与 n 互素；第二个求和对 d 进行，d 必须是 m 和 n 的公因子．我们不禁要问，这么巧妙的关系式里面藏着什么内涵与价值呢？

John Maddox

图 2　Maddox 在 *Nature* 上的评论的译文

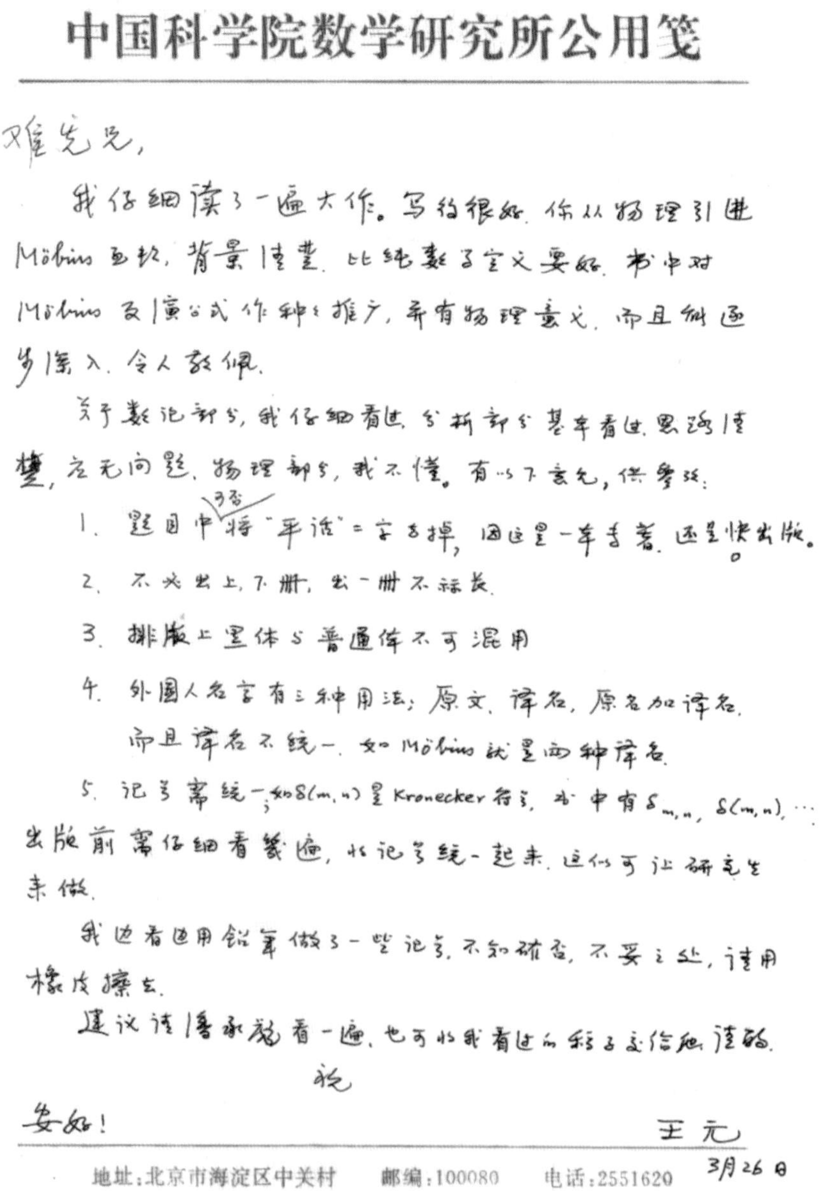

中国科学院数学研究所公用笺

稚先兄,

我仔细读了一遍大作。写的很好。你从物理引进 Möbius 函数,背景情楚,比纯数学定义要好。书中对 Möbius 反演公式作种种推广,并有物理意义,而且纵向多深入,令人敬佩。

关于数论部分,我仔细看此分析新与基本看此,思路清楚,定无问题。物理部分,我不懂。有以下意见,供参考。

1. 题目中将"平话"二字去掉,因这是一本专著,还是快出版。

2. 不必出上,下册,出一册不算长。

3. 排版上黑体与普通体不可混用

4. 外国人名写有三种用法:原文,译名,原名加译名。而且译名不统一,如 Möbius 就是两种译名。

5. 记号需统一,如 $\delta(m,n)$ 是 Kronecker 符号,书中有 $\delta_{m,n}$, $\delta(m,n)$ ⋯ 出版前需仔细看几遍,将记号统一起来。这件可让研究生来做。

我边看边用铅笔做了一些记号,不知确否,不妥之处,请用橡皮擦去。

建议请厚泽兄看一遍,也可以我看过的稿子交给他清稿。

祝

安好!

王元

3月26日

地址:北京市海淀区中关村　　邮编:100080　　电话:2551620

图 3　王元在 2008 年给笔者的信

目　　录

第一章 Möbius 级数反演

尘封百年, 陈香依旧

1.1 Möbius 级数反演缘起

众所周知, Taylor (1685—1731, 见图 1.1) 在 1715 年开创了有限差分理论, 使任何单变量函数都可展成幂级数. Taylor 在证明中没有考虑级数的收敛性问题, 证明不够严谨, 应用也就未能开展. Taylor 级数收敛性工作直至 19 世纪 20 年代才由 Cauchy (1789—1857) 完成, 从此得到广泛应用. 在此期间的 1742 年, Maclaurin (1698—1746) 研究了 $f(x)$ 在 $x = 0$ 处的 Taylor 展开:

$$f(x) = \sum_{n=0}^{\infty} \frac{f^{(n)}(0)}{n!} x^n, \tag{1.1}$$

图 1.1　Taylor 与《直接与间接的增量方法》

成为通常用得特别多的 Taylor 展开. 1830 年时, Möbius (1790—1868, 见图 1.2) 是莱比锡大学天文系教授. 他曾受教于 Gauss (1777—1855). Gauss 生前曾对人说过, Möbius 是他学生中最聪明的. 但是, Gauss 说的是天文学方面, 并没有看清楚他的数学潜能. 在 Taylor 级数的收敛性问题已告一段落并开始广泛应用的时候, 已

值不惑之年的 Möbius 却独出心裁地在所著的《一类特殊的级数反演》中提出了 Taylor-Maclaurin 级数展开的反演问题 (该文首页见图 1.3). 实际上, 他在函数 $f(x)$ 的 Maclaurin 级数中, 设置了特殊的条件: $f(0) = 0$ 和 $(\mathrm{d}f/\mathrm{d}x)|_{x=0} \neq 0$. 由此构成一类特殊的级数. Möbius 写道 [Mob1832, Baz98]:

设有自变量为 x 的函数 $f(x)$, 它可表示为一个按 x 的方幂递增的 Taylor 级数展

图 1.2　Möbius

Über eine besondere Art von Umkehrung der Reihen.

(Von Herrn A. F. Möbius, Professor zu Leipzig.)

Das berühmte Problem der Umkehrung der Reihen besteht bekanntlich darin, daß, wenn eine Function einer Größe durch eine nach Potenzen der Größe fortlaufende Reihe gegeben ist, man umgekehrt die Größe selbst, oder auch irgend eine andere Function derselben, durch eine nach Potenzen jener Function fortschreitende Reihe ausgedrückt verlangt. Man weiß, daß es keines geringen analytischen Scharfsinnes bedurfte, um das Gesetz, nach welchem die Coefficienten der zweiten Reihe von denen der ersteren abhängen, aufzufinden. Ungleich einfacher zu lösen ist folgende Aufgabe.

Sei eine Function fx einer Größe x durch eine nach den Potenzen von x geordnete Reihe gegeben:

1. $\quad fx = a_1 x + a_2 x^2 + a_3 x^3 + a_4 x^4 + \ldots$

Man soll x durch eine, nicht nach den Potenzen der Function fx, sondern nach den Functionen f der Potenzen von x fortgehende Reihe darstellen:

2. $\quad x = b_1 fx + b_2 f(x^2) + b_3 f(x^3) + b_4 f(x^4) + \ldots$

图 1.3　Möbius 所著的《一类特殊的级数反演》的首页

开:

$$f(x) = a_1 x + a_2 x^2 + a_3 x^3 + a_4 x^4 + \cdots,$$

下面要问的不是如何将 x 表示成 $f(x)$ 的方幂 f^m 的级数展开, 而是要问如何将 x 表示成 $f(x^m)$ 型的级数展开. 换言之, 要求将 x 表示为如下的级数:

$$x = b_1 f(x) + b_2 f(x^2) + b_3 f(x^3) + b_4 f(x^4) + \cdots.$$

这个问题既可以看作困难的求解问题, 也可以看作上述级数求逆问题. 求解问题中, $f(x), f(x^2), f(x^3)$ 的值和 x 的值都不可能通过上述公式计算出来. 这类具体计算并非本文目的. 然而, 在级数求逆问题中, 问题的解决将导致许多对级数理论和组合学理论并非无关痛痒的结果.

Möbius 在此提出了自变量 x 是否也能表示成 $f(x)$ 的反演级数展开的问题. 换言之, 他想知道反演级数中反演系数 $b_1, b_2, b_3, \cdots$ 与泰勒级数展开系数 $a_1, a_2, a_3, \cdots$ 之间的关系. 用求和号 $\sum$ 表示, 就是 (以下用 $a(n), b(n)$ 表示 a_n, b_n)

$$f(x) = \sum_{n=1}^{\infty} a(n) x^n \tag{1.2}$$

和

$$x = \sum_{n=1}^{\infty} b(n) f(x^n). \tag{1.3}$$

Möbius 在原作中用 Gauss 消元法进行推导, 这相当于把 (1.2) 式代入 (1.3) 式的右端. 由此即得

$$\sum_{n=1}^{\infty} b(n) f(x^n) = \sum_{n=1}^{\infty} b(n) \sum_{m=1}^{\infty} a(m)(x^n)^m$$
$$= \sum_{k=1}^{\infty} \left\{ \sum_{mn=k} b(n) a(m) \right\} x^k.$$

若要上式等于 x, 则其中花括号内的项必须等于 Kronecker 的 δ 函数, 即

$$\sum_{mn=k} b(n) a(m) = \delta_{k,1}, \tag{1.4}$$

条件是 $a(1) \neq 0$. 对偶关系 (1.4) 是一个非常强的过滤器, 它使大量系数自动抵消. 注意, 这里假定级数的收敛性和可交换性都存在. 很多书把 (1.4) 式称作 Dirichlet 互逆关系, 其实它是 Möbius 首先提出的. 而且, 他在 1831 年给出了如下定理.

定理 1.1 (原始的 Möbius 级数反演定理)   若

$$F(x) = \sum_{n=1}^{\infty} a(n)f(x^n), \tag{1.5}$$

则

$$f(x) = \sum_{n=1}^{\infty} b(n)F(x^n), \tag{1.6}$$

其中 $b(n)$ 满足 (1.4) 式.

由于对称性, 相应的逆定理自然也成立, 即箭头方向可逆转.

这条定理也可表述为

$$F(x) = \sum_{n=1}^{\infty} a(n)f(x^n) \xLeftrightarrow{\sum_{mn=k} b(n)a(m)=\delta_{k,1}} f(x) = \sum_{n=1}^{\infty} b(n)F(x^n). \tag{1.7}$$

接着, Möbius 对上述原始的级数反演定理进行了十分重要的简化, 即令上述定理中所有展开系数 $a(n) = 1$. 这时的反演系数 $b(n)$(后面按惯例记作 $\mu(n)$) 所遵从的 (1.4) 式就成为

$$\sum_{mn=k} \mu(n) = \delta_{k,1}. \tag{1.8}$$

这里的 m, n, k 都是正整数, $mn = k$ 意味着 n 是 k 的正整数因子, 常常记作 $n|k$. 因此, (1.8) 式常写成

$$\sum_{n|k} \mu(n) = \delta_{k,1}. \tag{1.9}$$

由此就得出了原始的 Möbius 级数反演定理的简约版.

定理 1.2 (简约版 Möbius 级数反演定理)

$$F(x) = \sum_{n=1}^{\infty} f(x^n) \xLeftrightarrow{\sum_{n|k} \mu(n)=\delta_{k,1}} f(x) = \sum_{n=1}^{\infty} \mu(n)F(x^n), \tag{1.10}$$

其中 $\mu(n)$ 满足 (1.9) 式.

显然, 上述简约版定理只是原始定理的特例, 可是它给人留下的印象常常更深刻. (1.9) 式中的反演系数 $\mu(n)$ 就是至今广为流传的 Möbius 函数. 注意, $\mu(n)$ 是用它的求和法则 (1.9) 定义出来的, 因此可以用递推法求出所有的 $\mu(n)$, 例如表 1.1.

表 1.1 Möbius 函数表

n	1	2	3	4	5	6	7	8	9	10
$\mu(n)$	1	–1	–1	0	–1	1	–1	0	0	1
n	11	12	13	14	15	16	17	18	19	20
$\mu(n)$	–1	0	–1	1	1	0	–1	0	–1	0

Möbius 原著中介绍了简约版级数反演定理的两个应用.

例 1.1

$$F(x) = \frac{x}{1-x} = \sum_{n=1}^{\infty} x^n, \quad |x| < 1.$$

由 Möbius 级数反演定理即得

$$x = \sum_{n=1}^{\infty} \mu(n) \frac{x^n}{1-x^n}$$
$$= \frac{x}{1-x} - \frac{x^2}{1-x^2} - \frac{x^3}{1-x^3} - \frac{x^5}{1-x^5} + \frac{x^6}{1-x^6} - \frac{x^7}{1-x^7}$$
$$+ \frac{x^{10}}{1-x^{10}} - \frac{x^{11}}{1-x^{11}} - \frac{x^{13}}{1-x^{13}} + \frac{x^{14}}{1-x^{14}} + \frac{x^{15}}{1-x^{15}} + \cdots.$$

特别是, 若记 $x = \mathrm{e}^{-h\nu/kT}$, 则有

$$\mathrm{e}^{-h\nu/kT} = \sum_{n=1}^{\infty} \mu(n) \frac{\mathrm{e}^{-nh\nu/kT}}{1-\mathrm{e}^{-nh\nu/kT}}.$$

若定义 $f_{\mathrm{BZ}}(h\nu/kT) = \mathrm{e}^{-h\nu/kT}$, 以及 $F_{\mathrm{Bose}}(h\nu/kT) = 1/(\mathrm{e}^{h\nu/kT} - 1)$, 则

$$f_{\mathrm{BZ}}(h\nu/kT) = \sum_{n=1}^{\infty} \mu(n) F_{\mathrm{Bose}}\left(n\frac{h\nu}{kT}\right), \tag{1.11}$$

其中 f_{BZ} 和 F_{Bose} 分别代表 Boltzmann 分布和 Bose 分布. Möbius 在 1868 年去世, Boltzmann (1844—1906) 和 Bose (1894—1974) 怎么会想到, Möbius 早在 1831 年就在冥冥中把这两种不同的统计分布联系在一起了.

例 1.2

$$-\ln(1-x) = x + \frac{1}{2}x^2 + \frac{1}{3}x^3 + \cdots, \quad |x| < 1.$$

由 Möbius 反演即得

$$
\begin{aligned}
x &= -\ln(1-x) + \frac{1}{2}\ln(1-x^2) + \frac{1}{3}\ln(1-x^3) + \frac{1}{5}\ln(1-x^5) + \cdots \\
&= \ln(1-x)^{-1} + \ln(1-x^2)^{\frac{1}{2}} + \ln(1-x^3)^{\frac{1}{3}} + \ln(1-x^5)^{\frac{1}{5}} + \cdots \\
&= \ln[(1-x)^{-1}(1-x^2)^{\frac{1}{2}}(1-x^3)^{\frac{1}{3}}(1-x^5)^{\frac{1}{5}}\cdots],
\end{aligned}
$$

因此,

$$
\mathrm{e}^x = (1-x)^{-1}(1-x^2)^{\frac{1}{2}}(1-x^3)^{\frac{1}{3}}(1-x^5)^{\frac{1}{5}}\cdots.
$$

特别当 $x = 1/2$ 时,

$$
\sqrt{\mathrm{e}} = \prod_n (1 - 2^{-n})^{-\mu(n)/n}.
$$

著名的 Euler 常数居然可以用 Möbius 函数表示.

1.2   Chebyshev 反演公式

Fourier (1768—1830) 系统地运用三角级数的理论, 在 1822 年完成了《热的解析理论》, 由此名声大振. 实际上, 把正弦或余弦函数看成一个周期函数的零阶近似, 然后做 Taylor 级数展开, 就能得到该周期函数的 Fourier 展开. 在此基础上, Chebyshev (1821—1894, 见图 1.4) 在 1851 年提出好几种新的反演公式 [Che1851], 图 1.5 是该文原作的一部分. 本来, 把简约版 Möbius 级数反演定理 (定理 1.2) 做简单的变量变换就可得到 Chebyshev 第一反演公式. 可是, 当时只有 30 岁的 Chebyshev 并不知道这位不求闻达的老人 Möbius 在 20 年前的工作, 他的有关工

图 1.4   Chebyshev

作都是自己独立完成的. 闲话少说, 回到 Chebyshev 的几条反演公式, 它们都与周期函数的谐波展开有关. 这些定理都请读者自证.

TCHEBICHEF   Note sur differentes series

Journal de mathematiques pures at appliquees 1er serie, tome 16 (1851), p. 337-346

$F(x) = f(x) + f(2x) + f(3x) + f(4x) + f(5x) + f(6x) + \cdots$

$F(x) = f(x) + f(3x) + f(5x) + f(7x) + f(9x) + f(11x) + \cdots$

$F(x) = f(x) - f(3x) + f(5x) - f(7x) + f(9x) - f(11x) + \cdots$

图 1.5   Chebyshev 1851 年原作的一部分

定理 1.3 (Chebyshev 第一反演公式)

$$F(x) = \sum_{n=1}^{\infty} f(nx) \Longleftrightarrow f(x) = \sum_{n=1}^{\infty} \mu(n) F(nx). \tag{1.12}$$

定理 1.4 (Chebyshev 第二反演公式)

$$F(x) = \sum_{n=1}^{\infty} f\left(\frac{x}{n}\right) \Longleftrightarrow f(x) = \sum_{n=1}^{\infty} \mu(n) F\left(\frac{x}{n}\right). \tag{1.13}$$

定理 1.5 (Chebyshev 第三反演公式)

$$F(x) = \sum_{n=1}^{\infty} \frac{f[(2n-1)x]}{(2n-1)^s}$$

$$\Longleftrightarrow f(x) = \sum_{n=1}^{\infty} \mu(2n-1) \frac{F[(2n-1)x]}{(2n-1)^s}. \tag{1.14}$$

例 1.3   奇性方波 Fourier 展开逆问题:

$$S_{\text{sq}}(t) = \frac{2A}{\pi} \sum_{n=1}^{\infty} \frac{\sin\left[(2n-1)\omega t\right]}{2n-1}$$

$$\Longleftrightarrow \sin \omega t = \frac{\pi}{2A} \sum_{n=1}^{\infty} \mu(2n-1) \frac{S_{\text{sq}}[(2n-1)t]}{2n-1}. \tag{1.15}$$

例 1.4   偶性锯齿波 Fourier 展开逆问题:

$$S_{\text{saw}}(t) = \frac{4A}{\pi} \sum_{n=1}^{\infty} \frac{\cos\left[(2n-1)\omega t\right]}{(2n-1)^2}$$

$$\Longleftrightarrow \cos \omega t = \frac{\pi}{4A} \sum_{n=1}^{\infty} \mu(2n-1) \frac{S_{\text{saw}}[(2n-1)t]}{(2n-1)^2}. \tag{1.16}$$

1.3 插曲: 原子链结合逆问题

图 1.6 所示为一维原子链结构简单模型: 单一原子沿无限长直线等间隔排列, 相邻原子间距为 x, 原子间存在最基本的原子相互作用对势, 即任意两个原子间的相互作用只取决于二者之间的距离, 记作 $\Phi(x)$. 所谓结合能 $E(x)$, 就是把一个原子从原子链中抽出来时, 为挣脱其他原子对它的作用 (束缚) 而耗费的能量. 结合能和原子势之间的关系可表示为

$$E(x) = \sum_{n=1}^{\infty} \Phi(nx). \tag{1.17}$$

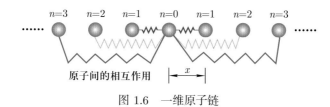

图 1.6 一维原子链

这里要从实验上或计算上比较容易获知其信息的结合能曲线 $E(x)$, 求出比较难以直接获知的势函数 $\Phi(x)$. 用前面的 Chebyshev 第一反演公式 (定理 1.3) 可以直接得到答案:

$$\Phi(x) = \sum_{n=1}^{\infty} \mu(n) E(nx).$$

Nature 刊文对此结果给予高度评价, 认为方法巧妙, 足以表明数论应用之潜力.

这里不用这个方法, 而是要从正整数的素数分解唯一性定理, 把结果推出来, 以此加深对 Möbius 函数和 Möbius 反演的理解. 绕圈子有点像拉关系, 要找到不同物理分支与不同数学分支之间更多的联系, 或能增加举一反三的遐想与冲动而已. 下面转入正题.

引入算子 T_n, 它对任意函数 $g(x)$ 的作用是使其自变量变成原来的 n 倍, 即

$$T_n g(x) = g(nx). \tag{1.18}$$

这时, 结合能与原子相互作用势之间的关系成为

$$E(x) = \sum_{n=1}^{\infty} T_n \Phi(x) = \Big[\sum_{n=1}^{\infty} T_n \Big] \Phi(x).$$

再将所有上述算子 T_n 之和定义成算子 $\boldsymbol{T}$:

$$\boldsymbol{T} = \Big[\sum_{n=1}^{\infty} T_n \Big], \tag{1.19}$$

则有

$$E(x) = \boldsymbol{T}\Phi(x).$$

因此, 原子间势 $\Phi(x)$ 可用结合能 $E(x)$ 表示为

$$\Phi(x) = \boldsymbol{T}^{-1}E(x).$$

现在要把求和算子的逆 $\boldsymbol{T}^{-1}$ 通过可操作的 T_n 表示出来. 容易验证, $T_m T_n = T_n T_m = T_{mn}$. 换言之, 算子 T_n 的乘法不但封闭, 而且是可交换的.

根据正整数素数分解唯一性, 有

$$n = p_1^{\alpha_1} p_2^{\alpha_2} \cdots p_k^{\alpha_k}, \tag{1.20}$$

其中 $p_1, p_2, \cdots, p_k$ 为素数, $\alpha_1, \alpha_2, \cdots, \alpha_k$ 为整数. 与此相应, 可推断 T_n 算子的展开也有唯一性:

$$T_n = T_{p_1^{\alpha_1} p_2^{\alpha_2} \cdots p_k^{\alpha_k}} = T_{p_1}^{\alpha_1} T_{p_2}^{\alpha_2} \cdots T_{p_k}^{\alpha_k}. \tag{1.21}$$

这说明, 每一个 T_n 算子必定可通过从下式中每一个方括号中唯一地选取一项, 再使之相乘而构成. 因此, 下述方括号的乘积就代表了所有 T_n 算子的总和:

$$\boldsymbol{T} = \sum_{n=1}^{\infty} T_n$$
$$= [1 + T_2 + T_2^2 + T_2^3 + \cdots] \times [1 + T_3 + T_3^2 + T_3^3 + \cdots]$$
$$\times [1 + T_5 + T_5^2 + T_5^3 + \cdots] \times [1 + T_7 + T_7^2 + T_7^3 + \cdots] \times \cdots.$$

因此,

$$\boldsymbol{T} = \sum_{n=1}^{\infty} T_n = \prod_p [1 + T_p + T_p^2 + \cdots] = \prod_p \frac{1}{1 - T_p}. \tag{1.22}$$

其逆为

$$\boldsymbol{T}^{-1} = \prod_p (1 - T_p), \tag{1.23}$$

因此有

$$
\begin{aligned}
\varPhi(x) &= \boldsymbol{T}^{-1} E(x) = \prod_p (1 - T_p) E(x) \\
&= \big[(1 - T_2)(1 - T_3)(1 - T_5)(1 - T_7) \cdots \big] E(x) \\
&= E(x) - \sum_p E(px) + \sum_{p_1, p_2} E(p_1 p_2 x) - \sum_{p_1, p_2, p_3} E(p_1 p_2 p_3 x) + \cdots. \quad (1.24)
\end{aligned}
$$

若 (1.24) 式右端所有的项按自变量递增排列, 则可表示为

$$
\varPhi(x) = \sum_{p^2 \nmid n} I(n) E(nx), \quad (1.25)
$$

其中 n 所代表的只是不包含重复素因子的正整数, 它们每一个只能是不同素数的乘积, 换言之, 都符合 $p^2 \nmid n$ 的条件. 注意, 反演系数 $I(n)$ 只能取 ± 1 两个值, n 中素数个数为偶数时取正, 否则取负, 即有

$$
I(n)|_{p^2 \nmid n} = \begin{cases} 1, & \text{若 } n = 1, \\ (-1)^s, & \text{若 } n = p_1 p_2 \ldots p_s. \end{cases} \quad (1.26)
$$

再往前一步, 让求和经历所有正整数, 这时的 n 不但包括不含重复素因子者 (符合 $p^2 \nmid n$), 还包括含重复素因子者 (符合 $p^2 | n$). 这时的反演公式 (1.25) 可写成

$$
\varPhi(x) = \sum_{n=1}^{\infty} \mu(n) E(nx). \quad (1.27)
$$

求和范围形式上的扩张, 必导致反演系数 $\mu(n)$ 增加点莫须有的内容:

$$
\mu(n) = \begin{cases} 1, & \text{若 } n = 1, \\ (-1)^s, & \text{若 } p^2 \nmid n, \\ 0, & \text{若 } p^2 | n. \end{cases} \quad (1.28)
$$

这和前面 $\sum_{n|k} \mu(n) = \delta_{k,1}$ 中的 $\mu(n)$ 完全等价, 它在此地就是一维原子链结合能逆问题中的反演系数. 同样方法可推出逆定理, 总结起来可以写成

$$
E(x) = \sum_{n=1}^{\infty} \varPhi(nx) \iff \varPhi(x) = \sum_{n=1}^{\infty} \mu(n) E(nx), \quad (1.29)
$$

即左式和右式完全等价. 物理学家以此或可回答一些有趣的问题, 诸如宇宙中为什么不存在星球排成的晶体结构. 答曰万有引力势的 $1/r$ 会导致求和发散, 结构不稳定; 还有, 高分子为何能排成长链. 答曰基团之间的等效相互作用势为 $1/r^\alpha$, 且 $\alpha \gg 1$. 后面将讨论任意三维晶体结构中的有关问题.

定义 1.1 Riemann ζ 函数 $\zeta(s)$ 定义为

$$\zeta(s) = \sum_{n=1}^{\infty} \frac{1}{n^s}, \qquad \mathrm{Re}(s) > 1. \tag{1.30}$$

函数 $\zeta(s)$ 可以解析延拓到整个复平面, 只当 $s = 1$ 时有一个奇点. 同时, 这个复变函数在 $s = -2m$ $(m \geqslant 1)$ 时出现分布有序的零点, 称为平凡零点, 而在直线 $\mathrm{Re}(s) = 1/2$ 上发现了很多非平凡的零点. Riemann (1826—1866, 见图 1.7) 认为, 所有非平凡零点都分布在这条线上, 称为 Riemann 猜想. 这是个有趣的世界难题.

图 1.7 印有 Riemann 头像和 ζ 函数的邮票

定理 1.6 ($\zeta(s)$ **倒数的展开定理**)

$$\frac{1}{\zeta(s)} = \sum_{n=1}^{\infty} \frac{\mu(n)}{n^s}. \tag{1.31}$$

证明

$$\zeta(s) \cdot \sum_{n=1}^{\infty} \frac{\mu(n)}{n^s} = \left[\sum_{m=1}^{\infty} \frac{1}{m^s} \right] \cdot \left[\sum_{n=1}^{\infty} \frac{\mu(n)}{n^s} \right]$$

$$= \sum_{k=1}^{\infty} \left[\sum_{n|k} \mu(n) \right] \frac{1}{k^s} = \sum_{k=1}^{\infty} \delta_{k,1} \frac{1}{k^s} = 1.$$

$\square$

此定理表明, Riemann 猜想与 $\mu(n)$ 有密切的联系.

定理 1.7 ($\zeta(s)$ **的乘积展开定理**)

$$\zeta(s) = \prod_{p} \left(1 - \frac{1}{p^s} \right)^{-1}. \tag{1.32}$$

证明 根据任意正整数的素数分解, 类似于 (1.22) 式, 即有

$$\zeta(s) = \sum_{n=1}^{\infty} \frac{1}{n^s} = \prod_p \left[1 + \frac{1}{p^s} + \frac{1}{p^{2s}} + \cdots \right] = \prod_p \frac{1}{1 - \dfrac{1}{p^s}}.$$

$\square$

例 1.5 $\mu(n)$ 取值的概率分布.

借助 Riemann ζ 函数 $\zeta(s)$, 我们可以来分析一下 Möbius 函数 $\mu(n)$ 取值的分布. 表面上看, $\mu(n)$ 的取值随 n 的变化似乎杂乱无章, 但是, 每一个确定的 n 都对应着唯一的 $\mu(n)$ 取值: 当 n 含有重复的素因子, 即 $p^2 | n$ 时, 都有 $\mu(n) = 0$; 而 n 中不包含任何一个素数平方的因子, 即 $p^2 \nmid n$ 时, 就有 $\mu(n) = \pm 1$. 那么, n 能满足 $p^2 \nmid n$ 条件的概率有多大呢? 随机选择一个正整数, 它不包含 $2^2 = 4$ 这个因子的概率是 $3/4$, 不包含 $3^2 = 9$ 这个因子的概率是 $8/9$, 不包含 $5^2 = 25$ 这个因子的概率是 $24/25$, 等等. 于是, 任何一个 n, 它不包含任何重复素因子的概率就是

$$\frac{3}{4} \cdot \frac{8}{9} \cdot \frac{24}{25} \cdots = \prod_p \left(1 - \frac{1}{p^2} \right) = \frac{1}{\zeta(2)} = \frac{6}{\pi^2}. \tag{1.33}$$

根据 Möbius 函数 $\mu(n)$ 的相对对称性, $\mu(n) = 1$ 的概率是 $3/\pi^2$, 而 $\mu(n) = -1$ 的概率也是 $3/\pi^2$. 那么, $\mu(n) = 0$ 的概率就是 $1 - 6/\pi^2$. 粗略说, 各占三分之一. 这里虽然用概率描述 $\mu(n)$ 的分布, 但它是有确定性的, 尽管很不规则.

例 1.6 $\zeta(s)$ 与相变模型.

大家知道, 由 N 个激发能谱为 ε_n 的彼此无相互作用的粒子所组成的气体的正则配分函数为

$$Q_N(T) = \frac{1}{N!} \sum_{n=1}^{\infty} e^{-\frac{\varepsilon_n}{kT}}.$$

假定单粒子激发能谱的形式为

$$\varepsilon_n = \varepsilon_0 \ln n,$$

则有

$$
\begin{aligned}
q(T) &= \sum_{n=1}^{\infty} e^{-\frac{\varepsilon_n}{kT}} = \sum_{n=1}^{\infty} e^{-(\varepsilon_0/kT) \ln n} \\
&= \sum_{n=1}^{\infty} \frac{1}{n^{\varepsilon_0/kT}} = \zeta(\varepsilon_0/kT).
\end{aligned} \tag{1.34}
$$

注意, ε_0/kT 是个实数, $T_0 < \varepsilon_0/k$ 时, 对应的 $s > 1$, $\zeta(s)$ 是收敛的. 一旦 $T_0 = \varepsilon_0/k$, 问题发生突变, 所以 $T_0 = \varepsilon_0/k$ 是个临界温度. 原来的稳定相不再存在, 发生相变. 为了研究相变点附近可能产生的过热现象, 这里引入变形的 ζ 函数 $\widehat{\zeta}(s)$.

定义 **1.2**

$$\widehat{\zeta}(s) = \lim_{x \to 1^-} \sum_{n=1}^{\infty} \frac{x^n}{n^s}. \tag{1.35}$$

因此, 变形函数 $\widehat{\zeta}(s)$ 在 $x < 1$ 的条件下趋于 1 时和 $\zeta(s)$ 是等价的:

$$\widehat{\zeta}(s) = \lim_{x \to 1^-} \sum_{n=1}^{\infty} \frac{x^n}{n^s} = \zeta(s), \quad s > 1. \tag{1.36}$$

注意, $\zeta(s)$ 只在 $s > 1$ 时有意义, 而 $\widehat{\zeta}(s)$ 在 $0 < x < 1$ 条件下, 即使在 $s \leqslant 1$ 时仍有意义, 不会发散. 因此, 在前面讨论中只要用 $\widehat{\zeta}(s)$ 代替 $\zeta(s)$, 并小心翼翼地控制过程, 即使温度超过相变点, 仍有可能出现亚稳态.

1.4　Cesáro 反演定理

Möbius 和 Chebyshev 之后, 许多数学家对级数反演的发展都有所贡献. 意大利数学家 Cesáro (1859—1906, 见图 1.8) 在 1885 年的工作可谓集大成者 [Ces1885], 并做出了新的推广与发展. 他引入了完全积性算子 ϵ_n 的概念, 立即得出下述定理 (请读者自证).

图 1.8　Cesáro 原作首页及照片

定理 1.8 (Cesáro 级数反演定理)

$$F(x) = \sum_{n=1}^{\infty} r(n) f(\epsilon_n(x))$$

$$\Longleftrightarrow f(x) = \sum_{n=1}^{\infty} r^{-1}(n) F(\epsilon_n(x)), \tag{1.37}$$

其中 $r(n)$ 和 $r^{-1}(n)$ 是一对 Dirichlet 对偶函数 (即第二章中的可逆函数), 这与 (1.4) 式中 $a(n)$ 与 $b(n)$ 之间的关系完全一样, ϵ_n 是完全积性算子, 即对任意正整数 m 和 n 均有

$$\epsilon_m(\epsilon_n(x)) = \epsilon_{mn}(x). \tag{1.38}$$

例 1.7 可验证 $\epsilon_n(x) = \sqrt{x^2 + \ln n}$ 满足 (1.38) 式, 故有

$$F(x) = \sum_{n=1}^{\infty} f(\sqrt{x^2 + \ln n})$$

$$\Longleftrightarrow f(x) = \sum_{n=1}^{\infty} \mu(n) F(\sqrt{x^2 + \ln n}). \tag{1.39}$$

例 1.8 可验证 $\epsilon_n(x) = \dfrac{x}{1 - x \ln n}$ 满足 (1.38) 式, 故有

$$F(x) = \sum_{n=1}^{\infty} (\mu \otimes \mu)(n) f\left(\frac{x}{1 - x \ln n}\right)$$

$$\Longleftrightarrow f(x) = \sum_{n=1}^{\infty} \tau(n) F\left(\frac{x}{1 - x \ln n}\right), \tag{1.40}$$

其中 $(\mu \otimes \mu)$ 表示两个 Möbius 函数的 Dirichlet 卷积, $\tau(n)$ 和 $(\mu \otimes \mu)(n)$ 是一对对偶的可逆函数, 将在第二章介绍.

例 1.9 可验证 $\epsilon_n(x) = \dfrac{nx}{1 - x(n-1)}$ 满足 (1.38) 式, 故有

$$F(x) = \sum_{n=1}^{\infty} (n\mu \otimes \mu)(n) f\left(\frac{nx}{1 - x(n-1)}\right)$$

$$\Longleftrightarrow f(x) = \sum_{n=1}^{\infty} \sigma(n) F\left(\frac{nx}{1 - x(n-1)}\right), \tag{1.41}$$

其中 $\sigma(n)$ 将在下一章介绍.

注意, 在 Cesáro 级数反演定理中, 权重函数 $r(n)$ 和积性算子 ϵ_n 都可以任意设计或选择. 可是, 积性算子 ϵ_n 该怎么去寻找呢? 为了便于分析, 我们先把 $\epsilon_n(x)$ 写成一个完全等价的二元函数 $g(n,x) \equiv \epsilon_n(x)$. 若二元函数的自变量一个是离散的, 一个是连续的, 可称它为混合函数. 由于 ϵ_n 是完全积性算子, 相应的混合函数 $g(n,x)$ 必然具有下述性质:

$$\begin{cases} g(1,x) = x, \\ g(mn,x) = g(m,g(n,x)). \end{cases} \tag{1.42}$$

$g(n,x)$ 也可称为混合积性函数. 前面已经介绍了几种具体的 $\epsilon_n(x)$ 或 $g(n,x)$, 那么, 不同的 $g(n,x)$ 在结构上有哪些共同特征呢?

定理 1.9 (混合积性函数共性定理 I) 若

$$g(n,x) = G^{-1}[G(x) + \ln n], \tag{1.43}$$

则

$$\begin{cases} g(1,x) = x, \\ g(mn,x) = g(m,g(n,x)), \end{cases} \tag{1.44}$$

其中, $G(x)$ 和 $G^{-1}(x)$ 是普通的正反函数.

此定理的证明略去. 由此定理, 很容易构建出各种混合积性函数. 还有相应的逆定理.

定理 1.10 (混合积性函数共性定理 II) 若

$$\begin{cases} g(1,x) = x, \\ g(mn,x) = g(m,g(n,x)), \end{cases} \tag{1.45}$$

则

$$g(n,x) = G^{-1}[G(x) + \ln n]. \tag{1.46}$$

证明 把二元混合函数转变为二元连续变量函数以便分析, 即将离散自变量 n 写成 e^t, 并引进

$$h(t,x) = g(n,x).$$

根据 $g(m,g(n,x)) = g(mn,x)$, 必有

$$h(t + \Delta t, x) = h[\Delta t, h(t,x)].$$

记 f 为 h 的偏微商:

$$f(h(t,x)) = \frac{\partial h(t,x)}{\partial t},$$

将 x 看作不变参量, 即可记作

$$\frac{\mathrm{d}h(t,x)}{f(h(t,x))} = \mathrm{d}t.$$

两边分别对 t 进行积分, 左边引入泛函记号 $G(h(t,x))$, 右边得到 t 的线性函数:

$$G(h(t,x)) = \int \frac{\mathrm{d}h(t,x)}{f(h(t,x))} = t + \tilde{C},$$

此处 $\tilde{C}$ 是指与 t 无关而可以与 x 有关者. 它也可写成 $\tilde{C} = \tilde{C}(x)$. 注意, 这里假定 $1/f(h)$ 是可积函数.

由于 $t = 0$ 时,

$$h(t,x)|_{t=0} = g(n,x)|_{n=1} = x,$$

即知

$$G(x) = \tilde{C}(x).$$

另外, 运用普通反函数定义即得

$$h(t,x) = G^{-1}[G(h(t,x))].$$

因此,

$$\epsilon_n(x) = h(t,x) = G^{-1}[t + G(x)] = G^{-1}[\ln n + G(x)].$$

$\square$

以上两条定理说明, 任意一个满足完全积性要求的混合积性函数 $g(n,x)$, 必定和某一个 $G^{-1}[G(x) + \ln n]$ 完全等价. 对于如何确定 G 的具体形式, 还可补充一条定理.

定理 1.11

$$G'(g(n,x)) = \frac{1}{n\dfrac{\partial}{\partial n}g(n,x)}. \tag{1.47}$$

证明 实际上, $g(n,x)$ 与相应的 $G(x)$ 之间必有

$$G(g(n,x)) = G(x) + \ln n.$$

把 n 扩展成连续变量, 则有

$$\frac{\partial}{\partial n}G(g(n,x)) = \frac{\partial}{\partial n}[G(x) + \ln n] = \frac{1}{n}.$$

同时,

$$\frac{\partial}{\partial n}G(g(n,x)) = G'(x)|_{x=g(n,x)}\frac{\partial}{\partial n}g(n,x)$$

$$= G'(g(n,x))\frac{\partial}{\partial n}g(n,x).$$

故有

$$G'(g(n,x)) = \frac{1}{n\dfrac{\partial}{\partial n}g(n,x)}.$$

$\square$

例 1.10 设 $g(n,x) = \sqrt{x^2 + \ln n}$, 则有

$$n\frac{\partial}{\partial n}g(n,x) = n\frac{\partial}{\partial n}\sqrt{x^2 + \ln n} = \frac{1}{2\sqrt{x^2 + \ln n}} = \frac{1}{2g(n,x)}.$$

因此,

$$G'(x) = 2x \Longrightarrow G(x) = x^2 \Longrightarrow G^{-1}(x) = \sqrt{x}.$$

例 1.11 设 $g(n,x) = \dfrac{nx}{1 - x(n-1)}$, 则有

$$n\frac{\partial}{\partial n}g(n,x) = n\frac{\partial}{\partial n}\left[\frac{nx}{1-x(n-1)}\right]$$

$$= \frac{nx(x+1)}{[1-x(n-1)]^2} = g(n,x)[g(n,x)+1].$$

因此,

$$G'(x) = \frac{1}{x(x+1)} = \frac{1}{x} - \frac{1}{x+1}$$

$$\Longrightarrow G(x) = \ln\frac{x}{x+1} \Longrightarrow G^{-1}(x) = \frac{1}{\mathrm{e}^{-x}-1}.$$

类似地, 可以选择

$$g(n, x) = \ln(\ln n + e^x),$$
$$g(n, x) = \sin(\ln n + \arcsin x),$$
$$g(n, x) = \exp(\ln n + \ln x) = nx,$$
$$\cdots\cdots$$

下面把适用的混合函数 $g(n, x)$ 做进一步推广.

定理 1.12

$$g(n, x) = G^{-1}\left[G(x) + \ln b(n)\right]$$
$$\xRightarrow{b(m)b(n)=b(k)} \begin{cases} g(1, x) = x, \\ g(k, x) = g(m, g(n, x)), \end{cases} \tag{1.48}$$

其中 $b(n)$ 是乘法半群函数, 完全积性函数 (见定义 2.8) 只是它的特例.

该定理证明从略.

这类混合函数在晶格反演中很有用.

回 头 看

大多数书刊中, Möbius 函数 $\mu(n)$ 以其取值定义: 若 n 含重复素因子, 取值为零; 若 n 为 s 个不同素数之乘积, 取值为 ∓ 1, 视 s 的奇偶而定. 本书则力主由对偶关系

$$\sum_{mn=k} b(n)a(m) = \delta_{k,1}$$

的特例得到 Möbius 函数的定义

$$\sum_{n|k} \mu(n) = \delta_{k,1}.$$

选择不同的定义, 有点像选不同的 "开胃菜", 是个仁者见仁、智者见智的事. 本章关于原子链的讨论中, 已经介绍了 Möbius 函数两种定义完全等价. 下一章还可看到另一个 "更自然" 的定义. 其实, 不管怎么定义, n 很大时, $\mu(n)$ 的变化规律仍不清楚, 令人十分好奇.

在 Chebyshev 第二反演公式

$$F(x) = \sum_{n=1}^{\infty} f\left(\frac{x}{n}\right) \Longleftrightarrow f(x) = \sum_{n=1}^{\infty} \mu(n)F\left(\frac{x}{n}\right) \tag{1.49}$$

中令所有自变量只取正整数, 即要求 x 和 $\dfrac{x}{n}$ 都是正整数, 这时, 不但 $x=k$ 为整数, $\dfrac{x}{n}=\dfrac{k}{n}$ 也必须是整数, 即有 $n|k$. 因此,

$$x \to k,\ n|k,\ \sum_{n=1}^{\infty} \to \sum_{n|k},$$

由此自动得出

$$F(k) = \sum_{n|k} f(n) \Longleftrightarrow f(k) = \sum_{n|k} \mu(n) F\left(\frac{k}{n}\right). \tag{1.50}$$

这就是当今广为流传的 Möbius 数论反演公式.

为了推出这个公式, 19 世纪的数学家下了二十多年功夫, 而用现在的符号很快就能够推出来. 历史就是这样, 不曲折一番决不甘心. 当然, 如果仅仅为了推导数论中的反演公式, 前面的无穷级数反演公式中所包含的收敛性假设可以看作建筑行业中的脚手架, 结果与此无关, 都是可以拆走的. 这种使用 "脚手架" 发展新理论的手法, 在物理中并不鲜见, 例如 Maxwell 运用根本不存在的 "以太" 推出电磁场方程组, 所得结果与以太毫无关系. 对建筑物的严格标准不必用到脚手架上. 事实上, 数学家常常不喜欢甚至不能容忍这类 "不严格" 的脚手架. 不用脚手架的话, 可能需要引进一些定义, 而让很多初学者感到很神奇, 或者很别扭.

有关 Möbius 反演演变历史的资料可参看 [Baz98, Baz99].

附录 1.1 光学调制深度问题

物体各部分因其亮度不同而得以识别, 此所谓物的反差. 这种反差通过光学系统成像, 像的反差 (可识别性) 常弱于原物. 例如电镜成像、CT 成像、超声检测. 因此, 对反差或清晰度的基本性能有一些规定. 首先是调制深度 M, 它代表亮度反差 $I_{\max}-I_{\min}$ 的相对变化:

$$M = \frac{I_{\max}-I_{\min}}{I_{\max}+I_{\min}}.$$

其次, 物和像各有各的调制深度, 分别记为 $M_物$ 和 $M_像$, 二者之比用调制传递函数 $T(\nu)$ 表示为

$$T(\nu) = \frac{M_像(\nu)}{M_物(\nu)}.$$

不管 $M_像(\nu)$ 还是 $M_物(\nu)$ 的自变量都是 "频率" ν, 有关的亮度的度量都需要以正弦光栅为标准, 见图 1.9. 但是, 正弦光栅的分划板很难制作, 无法直接测. 最容易

制作的是方波光栅, 测出来的是 $T_{方波}(\nu)$, 它和我们所需要的调制传递函数 $T(\nu) \equiv T_{正弦}(\nu)$ 有如下关系:

$$T_{方波}(\nu) = \frac{4}{\pi}\left[T(\nu) - \frac{T(3\nu)}{3} + \frac{T(5\nu)}{5} - \cdots\right].$$

运用 (1.17) 式即得

$$T(\nu) = \frac{\pi}{4}\sum_{n=1}^{\infty}(-1)^{n+1}\frac{\mu(2n-1)}{2n-1}T_{方波}[(2n-1)\nu].$$

这就是光学调制函数的测量原理.

正弦条纹: 原始亮度

矩形条纹: 原始亮度

图 1.9   正弦光栅调制

注意, 对方波而言, "周期" 是有明确意义的, "频率" 就成了问题. 这里的 ν 只是方波的基频. 我们能测量的是矩形光栅成像前后的调制函数之比, 即

$$T_{方波}(\nu) = \frac{M_{像}^{方波}}{M_{物}^{方波}}.$$

我们想要的是

$$T(\nu) \equiv T_{正弦}(\nu) = \frac{M_{像}^{正弦}}{M_{物}^{正弦}}.$$

怎么做呢? 设有一矩形光栅的空间基频为 ν, 则其亮度分布为

$$I_{物}(x) = \frac{1}{2} + \frac{2}{\pi}\left[\sin(2\pi\nu x) + \frac{1}{3}\sin(2\pi\nu 3x) + \sin(2\pi\nu 5x) + \cdots\right].$$

成像时, 设光栅或成像器件有一调制传递函数曲线 $T(\nu) = T_{正弦}(\nu)$, 那么, 矩形波光栅的像的亮度分布是可以求出来的. $T(\nu)$ 本来就代表正弦波成分振幅降低的比值, 因此可得出它的像的亮度分布为

$$I_{像}(x) = \frac{1}{2} + \frac{2}{\pi}\left[T(\nu)\sin(2\pi\nu x) + \frac{1}{3}T(3\nu)\sin(2\pi\nu 3x) + \frac{1}{5}T(5\nu)\sin(2\pi\nu 5x) + \cdots\right].$$

像的最大亮度在 $2\pi\nu x = \pi/2$ 处. 把这一关系代入上式, 即得

$$I'_{\max} = \frac{1}{2} + \frac{2}{\pi}\left[T(\nu) - \frac{1}{3}T(3\nu) + \frac{1}{5}T(5\nu) - \cdots\right].$$

像的最小亮度在 $2\pi\nu x = 3\pi/2$ 处, 代入即得

$$I'_{\min} = \frac{1}{2} - \frac{2}{\pi}\left[T(\nu) - \frac{1}{3}T(3\nu) + \frac{1}{5}T(5\nu) - \cdots\right].$$

因而得出

$$I'_{\max} - I'_{\min} = \frac{4}{\pi}\left[T(\nu) - \frac{1}{3}T(3\nu) + \frac{1}{5}T(5\nu) - \cdots\right]$$

和

$$I'_{\max} + I'_{\min} = 1.$$

注意到矩形光栅本身的调制传递函数是等于 1 的, 即

$$M_{\text{物}}^{\text{方波}}(\nu) = 1,$$

以及

$$M_{\text{像}}^{\text{方波}}(\nu) = \frac{4}{\pi}\left[T(\nu) - \frac{1}{3}T(3\nu) + \frac{1}{5}T(5\nu) - \cdots\right],$$

就有

$$T_{\text{方波}}(\nu) = \frac{4}{\pi}\left[T(\nu) - \frac{T(3\nu)}{3} + \frac{T(5\nu)}{5} - \cdots\right].$$

由于方波的调制传递函数 $T_{\text{方波}}$ 可测量, 现在就可以从 Chebyshev 反演公式推出标准的正弦波的调制传递函数 $T(\nu)$.

附录 1.2 Möbius 函数与超对称量子场论

1990 年, Spector 指出 [Spe90], 在用超对称量子场论处理离散量子态的框架下, Möbius 函数与 Witten 指数之间有着紧密的联系.

1. 玻色子态与 Gödel 计数法

在传统的粒子数表象中, Bose 系统的状态是一系列产生算子 $b_1^\dagger, b_2^\dagger, b_3^\dagger, \cdots$ 对真空态 $|0\rangle$ 的作用结果:

$$\prod_{j=1}^{k}(b_j^\dagger)^{\alpha_j}|vacuum\rangle, \tag{1.51}$$

其中 $|vacuum\rangle = |0\rangle$ 代表真空态, j 和 α_j 都是正整数, j 表示第 j 个产生算子, α_j 表示该产生算子的作用次数.

现在用 Gödel (1906—1978, 图 1.10 是 Einstein 和 Gödel 的合影) 计数法, 将产生算子下标由 $1, 2, 3, \cdots$ 依次改成相应的素数 $p_1 = 2, p_2 = 3, p_3 = 5, \cdots$. 这等于把传统的单粒子态表示 $|j\rangle$ 换成新的单粒子态表示 $|p_j\rangle$, 即有

$$|0\rangle \to |\mathbf{1}\rangle, |1\rangle \to |\mathbf{2}\rangle, |2\rangle \to |\mathbf{3}\rangle, |3\rangle \to |\mathbf{5}\rangle,$$

$$|4\rangle \to |\mathbf{7}\rangle, |5\rangle \to |\mathbf{11}\rangle, |6\rangle \to |\mathbf{13}\rangle, |7\rangle \to |\mathbf{17}\rangle, \cdots$$

上述表示中, $|\mathbf{1}\rangle$ 中的 "1" 不包含任何素数, 代表真空态. 其余都对应单粒子态, 新表示中单粒子态的标记数都是素数.

图 1.10　Einstein 和 Gödel

对一个多粒子系统的量子态的标记数就不再限于单纯的素数, 可以是一个合数. 一般则有

$$\prod_{j=1}^{k} |(b_j^\dagger)^{\alpha_j}|vacuum\rangle \to \prod_{j=1}^{k} (b_{p_j}^\dagger)^{\alpha_j}|\mathbf{1}\rangle = \prod_{j=1}^{k} |\mathbf{p}_j^{\alpha_j}\rangle = |\mathbf{N}\rangle, \qquad (1.52)$$

其中 $N = \prod\limits_{j=1}^{k} p_j^{\alpha_j}$ 是一个合数. 由此可见, 用 Gödel 计数法表示任意一个多粒子系统只需要用一个合数, 比传统方法简单得多.

例 1.12　四玻色子态表示举例.

$$b_3^\dagger (b_2^\dagger)^2 b_1^\dagger |\mathbf{1}\rangle \to |\mathbf{p}_3 \mathbf{p}_2^2 \mathbf{p}_1\rangle = |\mathbf{5 \cdot 3^2 \cdot 2}\rangle = |\mathbf{90}\rangle,$$

$$b_3^\dagger b_2^\dagger (b_1^\dagger)^2 |\mathbf{1}\rangle \to |\mathbf{p}_3 \mathbf{p}_2 \mathbf{p}_1^2\rangle = |\mathbf{5 \cdot 3 \cdot 2^2}\rangle = |\mathbf{60}\rangle.$$

这里清楚地看到正整数的素数唯一分解定理的重要性. 这就是 Gödel 计数法的奇妙之处.

2. 费米子态与 Gödel 计数法

设有一组依序费米子生成算子 $f_1^\dagger, f_2^\dagger, f_3^\dagger, \cdots$. 我们可以照搬上面的结果:

$$\prod_{j=1}^{k} (f_j^\dagger)^{\beta_j} |vacuum\rangle \to \prod_{j=1}^{k} |\boldsymbol{p}_j^{\beta_j}\rangle = |\boldsymbol{d}\rangle. \tag{1.53}$$

但是, 由于 Pauli 不相容原理, 这里的 β_j 只有 0 和 1 两种可能, 0 对应不填充, 1 代表填充. 因此, d 必定是互不相同的素数之积, 其中没有重复因子.

3. 超对称体系

现在来讨论一个既包含玻色子也包含费米子的系统. 为了便于讨论, 对此复杂系统提出所谓超对称近似, 即假定体系中的玻色子与费米子二者的单激发能谱相同, 这使问题大为简化, 尤其是使用了 Gödel 编号, 如虎添翼. 注意, 玻色子态可以与任何正整数对应, 而费米子态所对应的正整数不包含重复因子. 按照超对称量子场论, 将算子 $b_j^\dagger$ 和 $f_j^\dagger$ 以所有可能的方式作用于真空态, 就能够产生出哈密顿量 (Hamiltonian) H 的所有本征态. 因此, 可以将这些本征态表示如下:

$$\prod_{j=1}^{k} (b_j^\dagger)^{\alpha_j} (f_j^\dagger)^{\beta_j} |vacuum\rangle \to |\boldsymbol{N}, \boldsymbol{d}\rangle, \tag{1.54}$$

其中

$$N = \prod_{j=1}^{k} p_j^{\alpha_j + \beta_j}, \tag{1.55}$$

$$d = \prod_{j=1}^{k} p_j^{\beta_j}. \tag{1.56}$$

注意, 符号 $|\boldsymbol{N}, \boldsymbol{d}\rangle$ 中, N 标记高于真空态的全部激发态, 而 d 仅标记其中的费米子激发. 采用 Gödel 编号方法, d 必定是 N 的一个因子. 这就可以用来计算系统的 Witten (1959— , 见图 1.11) 指数. 它能在超对称的框架中把费米子态和玻色子态区别开来. Witten 指数的定义是配分函数的迹:

$$\Delta = \mathrm{Tr}\,[(-1)^{\mathrm{F}} \mathrm{e}^{-\beta H}], \tag{1.57}$$

其中算子 $(-1)^{\mathrm{F}}$ 称作费米子数算子. 下面介绍算子 $(-1)^{\mathrm{F}}$ 与 μ 函数之间的等价关系.

图 1.11   Witten

经过 Witten 提出的重整化, 有

$$
\begin{aligned}
\Delta = \mathrm{Tr}\left[(-1)^{\mathrm{F}}\mathrm{e}^{-\beta H}\right] &= \sum_{N=1}^{\infty}\sum_{p^2\nmid d\mid N}\langle \boldsymbol{N},\boldsymbol{d}\mid(-1)^{\mathrm{F}}\mathrm{e}^{-\beta H}\mid \boldsymbol{N},\boldsymbol{d}\rangle \\
&= \sum_{N=1}^{\infty}\langle \boldsymbol{N},\boldsymbol{d}\mid\mathrm{e}^{-\beta H}\mid \boldsymbol{N},\boldsymbol{d}\rangle\sum_{d\mid N}{}^{*}\langle \boldsymbol{N},\boldsymbol{d}\mid(-1)^{\mathrm{F}}\mid \boldsymbol{N},\boldsymbol{d}\rangle \\
&= \sum_{N=1}^{\infty}\mathrm{e}^{-\beta E_N}\sum_{d\mid N}{}^{*}\langle \boldsymbol{N},\boldsymbol{d}\mid(-1)^{\mathrm{F}}\mid \boldsymbol{N},\boldsymbol{d}\rangle,
\end{aligned}\tag{1.58}
$$

其中的第二个求和 $\sum\limits_{d\mid N}{}^{*}$ 中的 $d\mid N$ 表示 d 是 N 的因子, 同时星号表示 d 本身无重复因子. 应该指出, 系统状态具有两个重要的性质. 首先, 由于能级分布的超对称, 状态能量的期望值仅是 N 的函数, 而与 d 无关. 其次, 算子 $(-1)^{\mathrm{F}}$ 作用于 $\mid\boldsymbol{N},\boldsymbol{d}\rangle$ 的期望值取决于 d, 而与 N 无关: d 的素因子个数是偶数时该期望值为 $+1$, 奇数时为 -1. 简言之, 取决于费米子激发态数目的奇偶性. 因此,

$$
\langle \boldsymbol{N},\boldsymbol{d}\mid(-1)^{\mathrm{F}}\mid \boldsymbol{N},\boldsymbol{d}\rangle = \begin{cases} 1, & \text{若 } d=1, \\ (-1)^s, & \text{若 } d=p_{j_1}p_{j_2}...p_{j_s}. \end{cases}\tag{1.59}
$$

若把 d 没有重复因子的限制去掉, 上式就和 Möbius 函数相同:

$$
\mu(d) = \begin{cases} \langle \boldsymbol{N},\boldsymbol{d}\mid(-1)^{\mathrm{F}}\mid \boldsymbol{N},\boldsymbol{d}\rangle, & \text{若 } p^2\nmid d, \\ 0, & \text{若 } p^2\mid d. \end{cases}\tag{1.60}
$$

上式第一行表示 d 不含重复因子时, 其奇偶性决定了平均值等于 -1 还是 $+1$. 多出来的第二行代表着 Pauli 不相容原理所导致的禁区. 这正好是 $\mu(d)$ 的表达式! 由 Möbius 函数求和公式即知,

$$\Delta = \begin{cases} \langle \mathbf{1}, \mathbf{1} | \mathrm{e}^{-\beta H} | \mathbf{1}, \mathbf{1} \rangle, & \text{若 } N = 1, \\ 0, & \text{若 } N > 1. \end{cases} \tag{1.61}$$

注意, $N = 1$ 代表未经干扰的 "真空" 系统, 通常记这时系统能量为零, 即 $E_1 = 0$, 对应的 $(-1)^{\mathrm{F}} = 1$, 这时的 $\Delta = 1$. 对 $N > 1$ 的情况, $\Delta = 0, E_N > 0$ 反映了能隙的存在. 这就是 Möbius 函数求和法则的应用, 它在超对称量子场论中被赋予了物理意义: 由 $N > 0$ 所标记的量子态对应的净 Witten 指数为零. 这是许多非零的项由于 Möbius 函数求和法则互相抵消的缘故. 设想, 把这些结果返回去用通常的计数法及状态编号表示并推导出来, 那将会多么复杂和不好理解啊!

第二章 数论中的 Möbius 反演

温故知新, 返璞归真

第一章的核心是

$$\sum_{n|k} a^{-1}(n)a\left(\frac{k}{n}\right) = \delta_{k,1}$$

或

$$\sum_{n|k} \mu(n) = \delta_{k,1}.$$

注意, 其中涉及的函数 $a(n), a^{-1}(n), \mu(n), \delta_{k,1}$ 的定义域均为正整数, 这类函数称为数论函数, 也称为算术函数. 这一章虽然冠以数论二字, 其实核心未变. 但是, 本章对上述对偶关系会有更深入的介绍, 使我们在着手物理应用时依然能欣赏数学中对真善美的追求.

2.1 数论函数的基本概念

函数可以看作数到数的运算. 若函数自变量是连续的, 则称为连续变量函数; 若函数自变量的定义域是整数 (一般为正整数), 则称为数论函数或算术函数. 对于 $\sin nx$ 这样的函数, 若固定 n, 可称为连续变量函数; 若固定 x, 则可称为数论函数; 若两个都不固定, 则称为混合函数. 前面一章讲的多是混合函数, 合久必分, 这一章则强调数论函数. 讲道理, 分开来讲条理分明; 实际问题中, 二者纠缠在一起是常态.

定义 2.1 自变量为正整数 n 的函数 $f(n)$, 称为数论函数或算术函数, 记作

$$f(n) : \mathbb{N} \to \mathbb{C}, \tag{2.1}$$

其中 $\mathbb{N}$ 代表正整数, $\mathbb{C}$ 代表复数.

例 2.1 Kronecker 函数

$$\delta_1(n) = \delta_{n,1} = \begin{cases} 1, & \text{若 } n = 1, \\ 0, & \text{若 } n \neq 1. \end{cases} \tag{2.2}$$

例 2.2 恒幺函数

$$\iota_0(n) = 1. \tag{2.3}$$

例 2.3 整幂函数

$$\iota_s(n) = n^s. \tag{2.4}$$

例 2.4 除数函数 (正整数 n 中所含正整数因子的个数)

$$\tau(n) = \sum_{d|n} 1. \tag{2.5}$$

除数函数的前 20 个取值见表 2.1.

表 2.1 除数函数

n	1	2	3	4	5	6	7	8	9	10
$\tau(n)$	1	2	2	3	2	4	2	4	3	4
n	11	12	13	14	15	16	17	18	19	20
$\tau(n)$	2	6	2	4	4	5	2	6	2	6

例 2.5 除数和函数 (正整数 n 中所含正整数因子之和)

$$\sigma(n) = \sum_{d|n} d. \tag{2.6}$$

2.2 Dirichlet 卷积和可逆函数

定义 2.2 全体数论函数的集合记为 $\mathfrak{A}$, 即每个数论函数都是集合 $\mathfrak{A}$ 的元素.

现在要问, 集合 $\mathfrak{A}$ 能否构成一个群或一个半群? 这些都涉及集合中元素之间的关系, 或称元素间的运算关系. 在定义一个集合时, 不但要明确集合中元素如何选取, 还要明确元素之间的基本运算怎么选取. 这就引入了 Dirichlet 卷积的概念.

定义 2.3 设 $f, g \in \mathfrak{A}$, 则定义 $h = f \otimes g \in \mathfrak{A}$ 为 f 和 g 的 Dirichlet 卷积. $h(n)$ 的取值为

$$h(n) = (f \otimes g)(n) = \sum_{d|n} f(d)g(n/d). \tag{2.7}$$

显然, Dirichlet 卷积满足结合律、交换律和分配律. 注意, Dirichlet 卷积运算有三种常见的完全等价的表达, 即

$$(f \otimes g)(n) = \sum_{d|n} f(d)g(n/d)$$
$$= \sum_{d|n} f(n/d)g(d)$$
$$= \sum_{d_1 d_2 = n} f(d_1)g(d_2).$$

注意, 第三种表达是 Möbius 在 1831 年的文章中就提出来的, 所谓 Dirichlet 卷积本该称为 Möbius 卷积. 但是, Dirichlet (1801—1859, 见图 2.1) 在 1855 年成为哥廷根大学讲席教授 Gauss 的接班人, 在数学界名气比 Möbius 大得多.

图 2.1   Dirichlet

若讨论数论函数的集合, 则集合的元素是数论函数, 元素间的关系或运算是 Dirichlet 卷积, 这个集合就可以确定了.

定义 2.4   以 Dirichlet 卷积为基本运算的全体数论函数的集合称为数论函数集, 记作 $\{\mathfrak{A}, \otimes\}$.

为进一步揭示集合 $\mathfrak{A}$ 的代数结构, 先要定义集合中的单位函数.

定义 2.5   若有一函数 $\Delta \in \mathfrak{A}$, 它和 $\mathfrak{A}$ 中任意函数 f 的 Dirichlet 卷积均满足

$$(\Delta \otimes f)(n) = (f \otimes \Delta)(n) = f(n), \tag{2.8}$$

则称 Δ 为 $\mathfrak{A}$ 中的单位函数.

可以证明,

$$\Delta(n) = \delta_{n,1}. \tag{2.9}$$

注意, 若不选取 Dirichlet 卷积而是选普通乘积为数论函数集中元素间的基本运算, 则单位函数是恒幺函数 $\iota_0(n) = 1$, 因为

$$f(n)\iota_0(n) = \iota_0(n)f(n) = f(n).$$

言归正传, 有了单位函数 $\Delta(n)$, 就可以研究 $\mathfrak{A}$ 中每个数论函数是否有逆函数的问题了.

定义 2.6 对 $f(n) \in \mathfrak{A}$, 若存在 $g(n) \in \mathfrak{A}$ 使

$$f \otimes g = g \otimes f = \Delta = \delta_1, \tag{2.10}$$

则称 $g(n)$ 是 $f(n)$ 的 Dirichlet 逆, $f(n)$ 为可逆函数. 可逆函数 f 的逆函数常记作 f^{-1}.

可以证明, 使 f^{-1} 存在的充要条件是

$$f(1) \neq 0. \tag{2.11}$$

前面已经讲过, 数论函数满足结合律和交换律, 但是并不一定具有可逆性, 因此数论函数集合 $\mathfrak{A}$ 是个半群, 其中的可逆函数构成一个群 $\mathfrak{I}$.

2.3 可逆函数与反演公式

有了可逆函数, 一系列反演公式就会自动呈现.

定理 2.1

$$F(n) = \sum_{d|n} r(d)f(n/d) \Longleftrightarrow f(n) = \sum_{d|n} r^{-1}(d)F(n/d), \tag{2.12}$$

其中 r^{-1} 满足

$$r^{-1} \otimes r = \delta_1 \equiv \Delta. \tag{2.13}$$

该定理证明请读者自行完成. 其实, 这条反演公式也可简便地表达成

$$F = r \otimes f \xLeftrightarrow{r^{-1} \otimes r = \Delta} f = r^{-1} \otimes F. \tag{2.14}$$

这种表达可使证明更简单. 发现可逆函数等于发现其中的对偶关系, 在技术中可以设计出许多对偶关系. 前面的 Kronecker 函数 $\delta_1(n)$、恒幺函数 $\iota_0(n)$、整幂函数 $\iota_s(n)$、除数函数 $\tau(n)$, 以及除数和函数 $\sigma(n)$ 都是可逆函数. 它们的逆函数和有关反演公式都涉及 Möbius 函数. 下面讲述从数论角度怎么 "自然地" 引出 Möbius 函数.

2.4　可逆函数群中的积性函数子群

可逆函数这个精彩世界中, 还有个特殊的而且十分有用的子集, 即积性函数子群 $\mathfrak{M}$. 积性函数能使有关的计算和应用变得更加方便和容易. 前面提到的 $\Delta(n)$, $\iota_s(n), \tau(n)$, $\sigma(n)$ 等都是可逆函数中的积性函数. 这是什么意思呢? 先介绍两个定义.

定义 2.7　若两个正整数 m 和 n 除 1 之外没有其他公因子, 则称二者互素, 记作 $(m, n) = 1$.

从正整数的素数分解的唯一性定理即知, $(m, n) = 1$ 意味着 m 所含的素数因子与 n 所含的素数因子毫无相同之处, 没有交集.

定义 2.8　若 $f(mn) = f(m)f(n)$ 对于一切正整数都成立, 则称 $f(n)$ 为完全积性函数. 若 $f(mn) = f(m)f(n)$ 仅当 $(m, n) = 1$ 时才普遍成立, 则称 $f(n)$ 为相对积性函数, 简称积性函数.

注意, 这里谈的限于可逆的积性函数, 既然是可逆函数, 必满足 $f(1) \neq 0$, 但积性可逆函数必定满足 $f(1) = 1$.

定理 2.2　设 $n = p_1^{\alpha_1} p_2^{\alpha_2} ... p_k^{\alpha_k}$, 则任意一个相对积性函数 $f(n)$ 必满足

$$f(n) = \begin{cases} 1, & \text{若 } n = 1, \\ \prod_{i=1}^{k} f(p_i^{\alpha_i}), & \text{若 } n > 1. \end{cases} \tag{2.15}$$

定理 2.2 说明, 任意积性函数都可分解为自变量为素数幂的积性函数之乘积. 这使积性函数的计算变得容易.

例 2.6　除数函数 $\tau(n)$ 是积性函数. 设 $n = p_1^{\alpha_1} p_2^{\alpha_2} ... p_k^{\alpha_k}$, 则有 $\tau(1) = 1$ 和 $\tau(p_i^{\alpha_i}) = 1 + \alpha_i$. 因此,

$$\tau(n) = \prod_i (1 + \alpha_i). \tag{2.16}$$

例 2.7 除数和函数 $\sigma(n)$ 是积性函数. 设 $n = p_1^{\alpha_1} p_2^{\alpha_2} ... p_k^{\alpha_k}$, 则有 $\sigma(1) = 1$ 和 $\sigma(p_i^\alpha) = 1 + p_i + p_i^2 + \cdots + p_i^\alpha$. 因此,

$$\sigma(n) = \prod_i \frac{p_i^{\alpha_i+1} - 1}{p_i - 1}. \tag{2.17}$$

例 2.8 完全积性函数 $f(n)$ 必满足 $f(p_i^{\alpha_i}) = \left[f(p_i) \right]^{\alpha_i}$, 故定理 2.2 变成更易计算的

$$f(n) = \begin{cases} 1, & \text{若 } n = 1, \\ \prod_{i=1}^{k} [f(p_i)]^{\alpha_i}, & \text{若 } n > 1. \end{cases} \tag{2.18}$$

下面再列出一条定理, 即积性函数的逆函数必定也是积性函数. 这条定理很重要. 它的证明可以先不仔细看, 以后再琢磨, 但是, 它对理解可逆函数和积性函数是很有帮助的.

定理 2.3 积性函数之逆仍是积性函数:

$$\text{若 } f \in \mathfrak{M}, \text{ 则 } f^{-1} \in \mathfrak{M}.$$

证明 由于 $f \in \mathfrak{M}$, $f(1) \neq 0$, 故 f^{-1} 必存在, 且 $f^{-1}(1) = 1/f(1)$. 现在要证明, 这个逆函数 f^{-1} 是积性函数. 下面用归纳法证明.

今设在 $1 \leqslant st \leqslant k-1$ 条件下, 对所有满足 $(s,t) = 1$ 的正整数 s, t 均有 $f^{-1} \in \mathfrak{M}$. 下面要由此证明, 在 $1 \leqslant st \leqslant k$ 条件下, 对所有满足 $(s,t) = 1$ 的正整数 s, t 均有 $f^{-1} \in \mathfrak{M}$. 其中 $k = mn$ 只要满足 $(m,n) = 1$.

按可逆函数定义即有

$$\begin{aligned} 0 = \delta_{k,1} &= \sum_{d|k} f(d) f^{-1}\left(\frac{k}{d}\right) \\ &= \sum_{a|m,b|n} f(ab) f^{-1}\left(\frac{m}{a}\frac{n}{b}\right) \\ &= \sum_{a|m,b|n,ab>1} f(ab) f^{-1}\left(\frac{m}{a}\frac{n}{b}\right) + f(1) f^{-1}(mn) \\ &= \sum_{a|m,b|n,ab>1} f(a) f(b) f^{-1}\left(\frac{m}{a}\right) f^{-1}\left(\frac{n}{b}\right) + f^{-1}(mn). \end{aligned}$$

再进一步,

$$
\begin{aligned}
0 &= \sum_{a|m,b|n} f(a)f(b)f^{-1}\Big(\frac{m}{a}\Big)f^{-1}\Big(\frac{n}{b}\Big) - f^{-1}(m)f^{-1}(n) + f^{-1}(mn) \\
&= \left[\sum_{a|m} f(a)f^{-1}\Big(\frac{m}{a}\Big)\right]\left[\sum_{b|n} f(b)f^{-1}\Big(\frac{n}{b}\Big)\right] \\
&\quad - f^{-1}(m)f^{-1}(n) + f^{-1}(mn) \\
&= \delta_{m,1}\delta_{n,1} - f^{-1}(m)f^{-1}(n) + f^{-1}(mn).
\end{aligned}
$$

$\square$

还有一条和积性函数有关的定理.

定理 2.4　积性函数 $f(n)$ 的 Möbius 和函数 $S_f(n)$ 也是积性函数.

证明　按照定义, 积性函数 $f(n)$ 的 Möbius 和函数 S_f 可表为

$$
S_f(n) = \sum_{d|n} f(d) = \prod_i [1 + f(p_i) + f(p_i^2) + \cdots + f(p_i^{\alpha_i})],
$$

其中 $n = p_1^{\alpha_1} p_2^{\alpha_2} \cdots p_k^{\alpha_k}$. 与此同时,

$$
\begin{aligned}
S_f(p_i^{\alpha_i}) &= \sum_{d|p_i^{\alpha_i}} f(d) \\
&= \Big[1 + f(p_i) + f(p_i^2) + \cdots + f(p_i^{\alpha_i})\Big].
\end{aligned}
$$

因此,

$$
S_f(n) = \prod_i S_f(p_i^{\alpha_i}).
$$

$\square$

2.5　Möbius 函数 $\mu(n)$ 与 Möbius 反演公式

运用初等数论的概念和语言, 对 Möbius 函数会有新的认识, 原来, 它可以定义成恒幺函数 $\iota_0(n) \equiv 1$ 的逆函数, 即

$$
\sum_{d|n} \mu(d) = \delta_{n,1}. \tag{2.19}
$$

ι_0 是积性函数, 由定理 2.3 即知, $\mu(n)$ 是积性函数. 由此很容易推出

$$\mu(n) = \begin{cases} 1, & \text{若 } n = 1, \\ (-1)^s, & \text{若 } n = p_1 \ldots p_s \text{ 且 } p_i \neq p_j, \text{当 } i \neq j, \\ 0, & \text{若 } p^2 | n, \end{cases} \qquad (2.20)$$

其中 p_i 均为素数.

    Möbius 函数 $\mu(n)$ 在 n 含重复素因子时取值为零, 若 n 不含重复素因子, 它必定为相异素数之乘积, 函数 $\mu(n)$ 的取值为 ± 1, 正负号由相异素数个数 s 的奇偶决定, 见表 1.1.

    Möbius 函数是积性函数, 当然也是可逆函数, 代到定理 2.1 中, 即得当今最流行的 Möbius (数论) 反演公式. 假设我们不知道它是积性函数, (2.20) 式的推导就要啰唆不少.

定理 2.5 (Möbius 反演公式)   若

$$F(n) = \sum_{d|n} f(d), \qquad (2.21)$$

则有

$$f(n) = \sum_{d|n} \mu(d) F(n/d), \qquad (2.22)$$

反之亦然.

    显然, 这个定理可以简写成

$$F = \iota_0 \otimes f \Longleftrightarrow f = \mu \otimes F. \qquad (2.23)$$

它只是定理 2.1 的特例.

    例 2.9 华罗庚与密电码的故事.

    抗战期间的 1943 年末, 33 岁的华罗庚 (1910—1985, 图 2.2 是华罗庚晚年照片) 与当时的兵工署长俞大维 (1897—1993) 初次相遇, 倍感亲切. 原来他们是在 Einstein 主编的数学杂志 *Mathematische Annalen* 首先发表过论文的中国人, 相知甚早却未曾相遇. 俞大维说: "好友谭伯羽博士交给我一道难解的数学题目, 请教了好多位外国专家都无结果. 今晚请到舍下便餐, 我将这道难题交给你. 如果数月后得到计算结果, 我就感谢万分了. " 华罗庚答应 "试试", 并要求提供几份近日截获的密码原文. 当晚, 华罗庚如约到了俞府, 餐后将此 "难题" 携回. 次日早晨, 华罗庚自厕所出来, 将一张草纸交给俞大维的助手蔡孟坚: "俞先生的难题结果算出来了, 我无暇重抄, 请你将此草纸交给他好了. " 俞收到此答案后大为惊奇, 深感佩服. 据报

道, 该问题源自美国截获的日军轰炸昆明的密电码. 这个故事是改革开放后华罗庚访美重逢蔡孟坚后在海峡两岸广为流传的. 王元在《华罗庚》一书中写道:"华罗庚本人曾回忆过密电码这件事, 他说这就是 Möbius 反演公式的应用. 大概是用某种 Möbius 变换将用整数表示的明码转换成用整数表示的暗码, 只要再用 Möbius 逆变换就可以转换成明码了."

图 2.2   华罗庚

王元曾指出, 华罗庚的智慧在于他能在一夜之间就洞察出这个联系. 按蔡孟坚回忆, 华罗庚知道事关紧要, 连夜观察, 反复比对, 仔细寻觅密电码中数字的规律, 彻夜未眠. 由此, 传出华罗庚如厕破密码的佳话. 真所谓: 俞大维相见不恨晚, 华罗庚如厕破天机. 新中国成立以后, 华罗庚培养了大批青年才子, 他们在密码学的发展中做出了大量贡献.

注意, 前面学过的数论函数 $\mu, \delta_1, \iota_0, \tau, \sigma$ 都是可逆函数, 它们之间通过求和与求逆都有紧密联系.

例 2.10

$$\sum_{d|n} \mu(d) = \delta_{n,1} \Longrightarrow \iota_0 \otimes \mu = \delta$$

$$\Longrightarrow \mu^{-1} = \iota_0.$$

例 2.11

$$\sum_{d|n} \delta_{d,1} = \iota_0(n) \Longrightarrow \delta = \mu \otimes \iota_0$$

$$\Longrightarrow \delta = \delta^{-1}.$$

例 **2.12**

$$\sum_{d|n} \iota_0(d) = \tau(n) \Longrightarrow \iota_0(n) = \sum_{d|n} \mu(d)\tau(n/d)$$

$$\Longrightarrow \tau^{-1} = \mu \otimes \mu.$$

例 **2.13**

$$\sum_{d|n} \iota_1(d) = \sigma(n) \Longrightarrow n = \iota_1(n) = \sum_{d|n} \mu(d)\sigma(n/d)$$

$$\Longrightarrow \sigma^{-1} = \mu \otimes \iota_1^{-1} = n\mu \otimes \mu.$$

Möbius 函数在数论中表现形式很多, 应用也很多. 本书的主要目的就是介绍它在物理中的应用. 应该指出, 今天运用现在的符号, 这些公式的论证比较容易推导和理解. 19 世纪的先贤并没有这些方便的符号, 写一个式子要加上冗长的叙述, 结果还不严格. 但若因此忘却他们开创性的智慧与贡献, 那是不应该的.

由上可知, 积性函数的集合在可逆函数中构成一个子群. 因此, 在数论函数集合之间有下述关系: 积性函数群 $\mathfrak{M}$ 是可逆函数群 $\mathfrak{I}$ 的子集, 可逆函数群又是数论函数半群 $\mathfrak{A}$ 的子集. 这可写成 $\mathfrak{M} \subset \mathfrak{I} \subset \mathfrak{A}$. 后面会提到, 乘法半群函数 $\mathfrak{Semi}$ 也是可逆函数群的一个重要子集, 它和积性函数群的交集是完全积性函数. 这些集合之间的关系可以表示如下:

$$\text{数论函数半群}\begin{cases}\text{可逆函数群}\begin{cases}\text{积性函数群}\\\text{乘法半群函数}\end{cases}\\\text{不可逆函数}\end{cases}$$

2.6　Euler 函数和 Euler 定理

下面要介绍另外一个重要的数论函数 —— Euler 函数. 图 2.3 是带有 Euler

图 2.3　Euler. 他比 Gauss 大 70 岁

(1707—1783) 头像的邮票.

定义 2.9　对于任意的正整数 n, 满足 $(m,n)=1$ 与 $m \leqslant n$ 的正整数 m 的个数, 即不大于 n 且与 n 互素的正整数个数, 称为 n 的 Euler 函数, 记作 $\varphi(n)$.

表 2.2 给出了 Euler 函数的前 20 个值.

表 2.2　Euler 函数表

n	1	2	3	4	5	6	7	8	9	10
$\varphi(n)$	1	1	2	2	4	2	6	4	6	4
n	11	12	13	14	15	16	17	18	19	20
$\varphi(n)$	10	4	12	6	8	8	16	6	18	8

由 Euler 函数定义出发, 即得

$$\varphi(n) = \sum_{\substack{(h,n)=1,\\ 1\leqslant h\leqslant n}} 1 \tag{2.24}$$

或

$$\varphi(n) = \sum_{\substack{(h,n)=1,\\ 1\leqslant h\leqslant n}} \mathrm{e}^{2\pi\mathrm{i}h}. \tag{2.25}$$

注意, 这里求和式中 h 只经历了区间 $[1,n]$ 中一部分数值. 由此即知, Euler 函数的因子求和为

$$\sum_{d\mid n} \varphi(d) = \sum_{d\mid n} \sum_{\substack{(h,d)=1,\\ 1\leqslant h\leqslant d}} \mathrm{e}^{2\pi\mathrm{i}h} = \sum_{1\leqslant s\leqslant n} \mathrm{e}^{2\pi\mathrm{i}s} = n. \tag{2.26}$$

就像 Möbius 函数可以由它的 Möbius 求和 (2.19) 定义一样, Euler 函数也可以由它的 Möbius 求和 (2.26) 来定义.

为了对 (2.26) 式有具体理解, 我们举 $n=12$ 为例, 这时 $d=1,2,3,4,6,12$, 故有

$$\sum_{d\mid 12} \varphi(d) = \varphi(1) + \varphi(2) + \varphi(3) + \varphi(4) + \varphi(6) + \varphi(12).$$

它们分别代表六个子集 $\Phi(1)=\{1\}, \Phi(2)=\{1\}, \Phi(3)=\{1,2\}, \Phi(4)=\{1,3\}, \Phi(6)=\{1,5\}, \Phi(12)=\{1,5,7,11\}$ 的贡献. 若把每个元素都乘上 n/d, 这六个子集就变成

$$\{12\}, \{6\}, \{4,8\}, \{3,9\}, \{2,10\}, \{1,5,7,11\},$$

全部元素正好遍历不大于 n 的全部正整数. 所以,

$$\sum_{d|12} \varphi(d) = 12.$$

这清楚地说明了 Euler 函数的求和法则:

$$\sum_{d|n} \varphi(d) = n = \iota_1(n). \tag{2.27}$$

(2.27) 式也可写成 $\varphi \otimes \iota_0 = \iota_1$. 由 Möbius 反演得 $\varphi = \mu \otimes \iota_1$ 或

$$\varphi(n) = \sum_{d|n} \mu(d)\frac{n}{d} = n\sum_{d|n}\frac{\mu(d)}{d}. \tag{2.28}$$

可以证明

$$\varphi(n) = \varphi(p_1^{\alpha_1}p_2^{\alpha_2}\cdots) = n\prod_i\left(1-\frac{1}{p_i}\right). \tag{2.29}$$

实际上, 由 (2.20) 式即知, $\mu(n)|_{p^2|n} = 0$. 因此, $\varphi(n)$ 可表示为

$$\varphi(n) = n\sum_{p_1p_2\cdots|n}\frac{\mu(p_1p_2\cdots)}{p_1p_2\cdots}$$

$$= n\left(1 - \sum_{p|n}\frac{1}{p} + \sum_{p_ip_j}\frac{1}{p_ip_j} - \cdots\right)$$

$$= n\prod_p\left(1-\frac{1}{p}\right),$$

其中乘积号下的 p 表示遍历 n 的素因子.

    Euler 函数的逆函数可由 $\varphi^{-1} = \mu^{-1} \otimes \iota_1^{-1}$ 与 $\iota_1^{-1} = n\mu$ 得出:

$$\varphi^{-1}(n) = \sum_{d|n} d\mu(d). \tag{2.30}$$

$\varphi(n)$ 与 $\mu(n)$ 在数论中具有特殊的意趣, 它们在自然科学与工程技术中的应用也最广. 例如, 类似于 $\varphi(n)$ 求和公式的推导, 注意到对任意 $f(x)$ 均有恒等式

$$\sum_{1\leqslant \ell \leqslant k} f(\ell/k) = \sum_{n|k}\sum_{\substack{1\leqslant h\leqslant n,\\(h,n)=1}} f(h/n). \tag{2.31}$$

注意, 分数 h/n 都是不可约的真分数, 而与它相等的分数 ℓ/k 既有不可约的, 也有可约的.

令 $f(x) = \mathrm{e}^{2\pi\mathrm{i}x}$, 则有

$$\sum_{n|k} \sum_{\substack{1\leqslant h\leqslant n, \\ (h,n)=1}} \mathrm{e}^{2\pi\mathrm{i}h/n} = \sum_{1\leqslant \ell \leqslant k} \mathrm{e}^{2\pi\mathrm{i}\ell/k} = \delta_{k,1}. \tag{2.32}$$

对照 Möbius 求和公式, 即可断定

$$\mu(n) = \sum_{\substack{1\leqslant h\leqslant n, \\ (h,n)=1}} \mathrm{e}^{2\pi\mathrm{i}h/n}. \tag{2.33}$$

这是 Ramanujan (1887—1920, 见图 2.4) 的贡献.

图 2.4　Ramanujan

现在要介绍一条与 Euler 函数 $\varphi(n)$ 关系密切的十分重要的 Euler 定理. 为此先介绍一条预备定理. 大家知道, Euler 函数 $\varphi(n)$ 是闭区间 $[1,n]$ 中与 n 互素的正整数 h 的个数. 这里将 h 的集合表示成 $\Phi(n)$.

定理 2.6　若 h_1 和 h_2 均属于集合 $\Phi(n)$, 则二者乘积 $h_1 h_2$ 的同余也属于集合 $\Phi(n)$. 换句话说,

$$\{(h_1 h_2) \bmod n\} \in \Phi(n). \tag{2.34}$$

在集合 $\Phi(n)$ 内任选两个元素 b 和 h. 选 $b = bh^0$ 作为出发点. 对此做不断乘 h 并取模 n 的同余数操作, 形成一个无限序列

$$\{b, bh^1, bh^2, bh^3, \cdots\} \equiv \{b \bmod n, bh^1 \bmod n, bh^2 \bmod n, bh^3 \bmod n, \cdots\}.$$

显然, 上述序列中每一个元素都应属于有限集 $\Phi(n)$, 所以一定出现重复循环. 这个循环长度最长等于 $\ell = \varphi(n)$. 有时, 每一个循环只展现出集合 $\Phi(n)$ 中部分元素, 这时循环长度 ℓ 是 $\varphi(n)$ 的因子. 总之, $\ell \mid \varphi(n)$. 综上所述, b 乘上 h 的 $\varphi(n)$ 次幂, 再

做模 n 的同余操作, 结果回到原出发点 b. 插一句, 有的读者没学过同余的概念, 可能觉得不高兴. 不要这么想, 诸位至少有大学一、二年级水平, 很容易找到介绍同余的基本知识的材料. 下面举两个例子.

例 2.14 如图 2.5 所示, $\Phi(10) = \{1, 3, 7, 9\}$. 无论从哪个 b (黑字) 出发, 逆时针, 每步乘 $h = 3$, 取模 10 余数. 以上均以红字红线标记. 经过四步, $3^4 = 81 \equiv 1 \bmod 10$, 回到出发点. 即循环长度 $\ell = 4 = \varphi(10)$. 也可顺时针进行, 每步乘 $h = 7$, 以绿字绿线标记. 也是经过四步, $7^4 = 2401 \equiv 1 \bmod 10$, 回到出发点. 注意, $h = 7$ 和 $h^{-1} = 3$ 互逆, 正逆相乘为 21, 取模 10 同余等于 1.

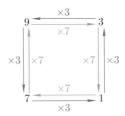

图 2.5 在集合 $\Phi(10)$ 中取 $h = 3$ 和 $h = 7$ 两种情况的同余乘法

例 2.15 图 2.6 所示为 $\Phi(21) = \{1, 2, 4, 5, 8, 10, 11, 13, 16, 17, 19, 20\}$ 的情况, $\varphi(21) = 12$. 左图从任意的 b 出发, 红线逆时针每步乘 $h = 5$, 绿线顺时针每步乘 $h = 17$. 右图也是如此, 红线逆时针每步乘 $h = 5$, 绿线顺时针每步乘 $h = 17$. 5 和 17 互逆, 正逆相乘都为 85, 模 21 余数为 1. $5^6 = (25)^3 \equiv 4^3 \bmod 21 \equiv 64 \bmod 21 \equiv 1 \bmod 21$, $(17)^6 \equiv (-4)^6 \bmod 21 \equiv 16^3 \bmod 21 \equiv (-5)^3 \bmod 21 \equiv -125 \bmod 21 \equiv 1 \bmod 21$, 即循环长度 (步数) $\ell = 6$, 符合 $\ell \mid \varphi(n)$.

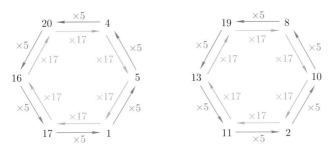

图 2.6 在 $\Phi(21)$ 中不同起点, 取 $h = 5$ 和 17 两种情况

由上面讨论, 即可归纳出 (不是完全归纳) Euler 定理.

定理 2.7 (Euler 定理)　对任意确定的正整数 n 和满足 $(h,n) = 1$ 的正整数 h, 必有

$$1 \equiv h^{\varphi(n)} \bmod n. \tag{2.35}$$

对照上面的两张循环图, 相当于从任意一点出发, 取任意满足 $(h,n) = 1$ 的步长 h, 经过 $\varphi(n)$ 步, 就能回到起始点. 定理证明可参考任意一本初等数论教材.

例 2.16　Fermat 小定理: 当正整数为素数, 即 $n = p$ 时, 对满足 $h \in [1,n)$ 的正整数 h, 必有

$$h^{p-1} \equiv 1 \bmod p. \tag{2.36}$$

在同余操作下, 集合 $\Phi(n)$ 中的每个元素都对应着一个逆元素, 与它互逆.

定义 2.10　对任何一个 $h \in \Phi(n)$, 若存在 $g \in \Phi(n)$ 使 $hg \equiv 1 \bmod n$, 则称 g 为 h 的逆, 记作 h^{-1}. 换句话说,

$$1 \equiv hh^{-1} \bmod n. \tag{2.37}$$

根据 Euler 定理, h 和 $h^{\varphi(n)-1}$ 必定是一对互逆元素.

Euler 定理大约出现在 1736 年, 经过 240 年, 突然成为信息安全领域一场革命的先导. 有兴趣的读者可参看附录 2.1.

2.7　非积性函数简介

积性函数在数论函数中是十分基本和重要的一类函数. 但是, 积性函数之外还存在许多非积性函数, 有的是可逆函数, 有的不是.

例 2.17　对 $n = p_1^{\alpha_1} p_2^{\alpha_2} \cdots p_s^{\alpha_s}$, 考虑函数

$$\omega(n) = \begin{cases} s, & \text{若 } n > 1, \\ 0, & \text{若 } n = 1, \end{cases} \tag{2.38}$$

和

$$\Omega(n) = \begin{cases} \alpha_1 + \alpha_2 + \cdots + \alpha_s, & \text{若 } n > 1, \\ 0, & \text{若 } n = 1, \end{cases} \tag{2.39}$$

其中 $\omega(n)$ 是 n 的不同素数因子的个数, $\Omega(n)$ 是 n 的不同素数因子幂次之和, 也是全部素因子的个数 (含重复素因子). 由 $\omega(1) = 0$ 和 $\Omega(1) = 0$, $\omega(n)$ 和 $\Omega(n)$ 都不是可逆函数, 更不是积性函数. 但它们分别满足

$$\omega(mn) = \omega(m) + \omega(n), \quad \text{若 } (m,n) = 1, \tag{2.40}$$

和

$$\Omega(mn) = \Omega(m) + \Omega(n). \tag{2.41}$$

$\omega(n)$ 和 $\Omega(n)$ 有时也称为加性函数. 由它们也可以构造出积性函数.

例 2.18

$$\lambda(n) = (-1)^{\Omega(n)} \tag{2.42}$$

和

$$\mu(n) = \begin{cases} (-1)^{\omega(n)}, & \text{若 } \omega(n) = \Omega(n), \\ 0, & \text{若 } \omega(n) < \Omega(n), \end{cases} \tag{2.43}$$

其中 $\lambda(n)$ 是个完全积性函数, 文献上称为 Liouville 函数.

例 2.19 除数乘积函数 $\pi(n)$ 的定义是

$$\pi(n) = \prod_{d|n} d. \tag{2.44}$$

$\pi(n)$ 虽然不是积性函数, 但它仍然是可逆函数. 它的前 10 个取值见表 2.3.

表 2.3 除数乘积函数

n	1	2	3	4	5	6	7	8	9	10
$\pi(n)$	1	2	3	8	5	36	7	64	27	100

例 2.20 $\tau_1(n)$ 和 $\tau_3(n)$ 分别定义为整数 n 中所含 $4k+1$ 型和 $4k+3$ 型奇因子的个数, 则有

$$\tau_1(n) = \sum_{\substack{d|n, \\ d \equiv 1 \bmod 4}} 1 \tag{2.45}$$

和

$$\tau_3(n) = \sum_{\substack{d|n, \\ d \equiv 3 \bmod 4}} 1. \tag{2.46}$$

若 $(a, b) = 1$, 则有

$$\tau_1(ab) = \tau_1(a)\tau_1(b) + \tau_3(a)\tau_3(b), \tag{2.47}$$

$$\tau_3(ab) = \tau_1(a)\tau_3(b) + \tau_3(a)\tau_1(b). \tag{2.48}$$

$\tau_1(n)$ 和 $\tau_3(n)$ 都不是积性函数, 但它们的差 $\mathfrak{F}(n) = \tau_1(n) - \tau_3(n)$ 是积性函数.

后面还会碰到另外一种非积性函数, 称为乘法半群函数.

定义 2.11　若有数论函数 $f(n)$, 对于任意两个正整数 m 和 n, 存在唯一的正整数 k, 使得

$$f(m)f(n) = f(k), \tag{2.49}$$

则称 $f(n)$ 为乘法半群函数.

按照定义, 乘法半群函数不一定是积性函数. 但是, 它和积性函数存在交集, 就是完全积性函数. 乘法半群函数在反演中有重要作用.

回　头　看

数学史上, 无论是广泛采用的 Möbius 函数的定义式 (2.20), 还是当今流行的 Möbius 数论反演公式, 都未曾在 Möbius 的著作中出现过. Dickson 的数论史 [Dic52] 曾专辟一章 (XIX) 介绍过 Möbius 函数和 Möbius 反演公式, 由于文中不断发生张冠李戴的现象, 被麻省理工学院 (MIT) 的 Bazant 批评过. 他指出: "Dickson 绝对没有看过 Möbius 的原著." 另外, Hardy 和 Wright 的名著在第 16 章后特别添加了一段注解 [Har84], 明确支持和重申 E. Landau 的观点, 对此问题起了一锤定音的作用. 他指出: "早在 1748 年, Euler 的著作中就隐含有 Möbius 函数的内容, 但是, 是 Möbius 在 1832 年第一个对它的性质进行了系统的研究."

本章把 Möbius 函数看作恒幺函数 $\iota_0(n)$ 的 Dirichlet 逆. 但是, 当 n 的数值很大时, 我们对 $\mu(n)$ 的了解仍是相当迷茫, 这涉及大数分解问题. 迷茫也是有趣的, 而且, 大数分解的困难使现代密码学有了新的机遇.

2004 年, 美国的 Earls 发现了一个左右对称的长达 11 位的神奇正整数: 15891919851. 这个数的 Möbius 函数值等于 1. 若右边截去它的末位数, 它的 Möbius 函数值居然不变, 还是 1. 再截一位, Möbius 函数值仍不变. 一直截下去, 都保持 1. 与此同时, 他还发现了另一左右对称数列具有 Möbius 函数值恒等于 -1 的特征. 有人认为, 图 2.7 所示的双子座简直就像一位天文学家在亿万群星的灿烂天空中找到了另外一颗适合人类生存的星球一样稀奇.

$$\mu(1)=1 \qquad\qquad \mu(7)=-1$$

$$\mu(15)=1 \qquad\qquad \mu(79)=-1$$

$$\mu(158)=1 \qquad\qquad \mu(797)=-1$$

$$\mu(1589)=1 \qquad\qquad \mu(7973)=-1$$

$$\mu(15891)=1 \qquad\qquad \mu(79737)=-1$$

$$\mu(158919)=1 \qquad\qquad \mu(797378)=-1$$

$$\mu(1589191)=1 \qquad\qquad \mu(7973787)=-1$$

$$\mu(15891919)=1 \qquad\qquad \mu(79737873)=-1$$

$$\mu(158919198)=1 \qquad\qquad \mu(797378737)=-1$$

$$\mu(1589191985)=1 \qquad\qquad \mu(7973787379)=-1$$

$$\mu(15891919851)=1 \qquad\qquad \mu(79737873797)=-1$$

图 2.7　Möbius 双子座

2013 年, 张益唐在《数学年刊》发表《质数间的有界间隔》一文, 从而在孪生素数猜想这一重大难题上取得了举世轰动的重要突破. 他的文章中 40 次提到 Möbius 函数, 6 次用到 Möbius 反演公式. 他是怎么把这个难题和我们学过的 Möbius 函数和 Möbius 反演联系起来的呢? 这可远远超出了笔者的知识范围.

关于数论对通信的应用可参看 M. R. Schroeder 的名著 *Number Theory in Science and Communication* 一书 [Sch2009].

附录 2.1　Euler 定理与公钥密码

1. Diffie 和 Hellman 的命题创新

20 世纪 70 年代, 信息高速公路和互联网通信蓬勃发展. 在传统的密码体系中, 发送者和接收者必须设定加密和解密的密钥. 以互联网上 1000 人之间的安全通信为例, 所需要的私钥数目就达到百万量级, 而且还涉及传送密钥的信道是否安全. 1976 年, 斯坦福大学 32 岁的 Diffie (1944—) 和 31 岁的 Hellman (1945—) (图 2.8 是他们的照片) 在 *IEEE Trans. Information Theory* 上发表了《密码学的新方向》(*New direction in crytography*) 一文 [Dif76], 提出所谓公开密钥的新密码系统的构想, 明确指出加密指数和解密指数的设计构成一对互逆的运算操作 E 和 D, 但由 D 算出 E 很容易, 而由 E 算 D 非常难, 这二者间的关系可用单向门或半导体来形容.

图 2.8　2015 年图灵奖获得者 Diffie 和 Hellman

设想互联网上用户甲要将明文 M 发给另一用户乙, 用户甲应该做些什么?

第一步, 先从公钥本里查出乙的公钥 $E_乙$;

第二步, 把 M 变成 $E_乙(M)$;

第三步, 把 $E_乙(M)$ 发给乙.

现在要问, 乙接到 $E_乙(M)$ 后, 该做什么? 这很简单, 乙该用只有自己知道的私钥 $D_乙$ 对 $E_乙(M)$ 进行操作, 即得 M. 换个表达即

$$D_乙\big[E_乙(M)\big] = M.$$

在这个体系中, 每个用户只公布一个 "公钥", 自己秘密记住一个绝不让他人知道的 "私钥" D, 这就是目前电子邮件安全性得到保障的原理.

另外, 这种公钥体系还可用来做电子签名和电子支付. 设想用户甲将重要明文用上述方式发给乙的同时, 再将自己的私钥作用于明文 $D_甲(M)$ 发给乙, 乙用公钥本上的 $E_甲$ 即可又一次得到 M, 即

$$E_甲\big[D_甲(M)\big] = M.$$

两次结果相符, 此要文来自用户甲无疑. 这就是电子签名和电子支付的原理.

传统的保密通信考虑的是少数人之间的通信安全, 这里考虑到市场、金融与广大群众的需求, 必然影响到整个社会的发展. 文章叙述清晰, 是卓越的命题创新, 但没有提出可操作的具体方案.

2. RSA 方案的方法创新

在 Diffie 和 Hellman 的论文发表后不到一年, 麻省理工学院平均年龄不到 30 岁的 Rivest (1947—   ), Shamir (1952—   ) 和 Adleman (1945—   ) (图 2.9 是他们的照片) 在《获取数字签名和公钥保密系统的方案》(*A method for obtaining digital signatures and public-key cryptosystems*) [Riv78] 一文中提出了所谓 RSA 方案, 明确

提出加密密钥公开, 且不会由此泄露相应的解密密钥的具体方案. 在此方案中, 每个用户设计的加密指数和两个大素数的乘积都作为 "公钥" 公之于众, 而每个用户用于解密的私钥即两个大素数本身仍完全由每个合法收信者掌握, 破解它们超出了任何现代计算机的能力. 举例来说, 当代的计算机计算两个 500 位素数的乘积只需要不到 1 μs 的时间, 但是要把这 1000 位数的乘积进行因子分解, 即使用当今最快的计算机, 也要上百年的时间. 这就是当今网络通信安全性的基础. RSA 完成了方法创新.

图 2.9　2002 年图灵奖获得者 Rivest, Shamir 和 Adleman

下面是互联网用户甲打算接收用户乙通过网站传来的安全 (保密) 通信的具体方案.

(1) 接收端用户甲的前期准备.

第一步, 要确定两个大素数 p, q, 并得出它们的乘积 $n = pq$, 以及相应的 Euler 函数值

$$\varphi(n) = (p-1)(q-1). \tag{2.50}$$

第二步, 在不大于 $\varphi(n)$ 的正整数中 "随意" 找一个与 $\varphi(n)$ 互素的正整数 h 作为加密指数, 它满足

$$\big(h, \varphi(n)\big) = 1. \tag{2.51}$$

第三步, 按照 Euler 定理, 即有

$$h^{\varphi(\varphi(n))} \equiv 1 \bmod \varphi(n). \tag{2.52}$$

因此, h 的逆 t, 即相应的解密指数等于

$$t = h^{-1} = h^{\varphi(\varphi(n))-1}. \tag{2.53}$$

第四步, 甲在用户手册中公布自己的 n 和 h, 但对 t, p, q 和 $\varphi(n), \varphi(\varphi(n))$ 完全保密.

以上是用户甲在特定时段要接收安全信息所必须准备好的事项.

(2) 发信端用户乙的操作.

第一步, 由公钥手册查出预想接收用户甲的 n, h.

第二步, 根据表 2.4, 将欲发信息转换成数字代码. 例如, 欲发信息为 "City will be closed at 10", 它的数字化明文代码就是一个 50 位的大整数 M:

$$M = 03092025002309121200020503121519050400012000 3130.$$

表 2.4　信息代码表举例

A-01	B-02	C-03	D-04	E-05	F-06	G-07	H-08
I-09	J-10	K-11	L-12	M-13	N-14	O-15	P-16
Q-17	R-18	S-19	T-20	U-21	V-22	W-23	X-24
Y-25	Z-26	'-27	.-28	?-29	0-30	1-31	2-32
3-33	4-34	5-35	6-36	7-37	8-38	9-39	!-40

第三步, 将该明文代码变为密文代码 E:

$$E \equiv M^h \bmod n, \tag{2.54}$$

即先求出 M 的 h 次幂, 然后用模 n 去约化, 结果 E 就是乙发出的密文代码. 若有预期接收者之外的窃听者获取到密文 E, 他很难猜到明文 M.

(3) 接收端用户甲收到密文代码 E 后的操作.

第一步, 先写出 $E^t = M^{ht}$, 然后只对幂次 ht 以 $\varphi(n)$ 为模做同余运算:

$$ht \equiv 1 \bmod \varphi(n) \Longrightarrow ht = 1 + k\varphi(n).$$

第二步, 以 n 为模做整体的同余约化:

$$E^t \equiv M^{ht} \bmod n \equiv M^{1+k\varphi(n)} \bmod n \equiv M \bmod n. \tag{2.55}$$

这个结果表明, 计算 $E^t \bmod n$ 就可找回 M. 注意, 由 $\alpha = 1 \bmod \varphi(n)$ 必得出 $\alpha = 1 + k\varphi(n)$, 其中 k 是某个整数. 用户甲在上面最后一行推导中, 又一次用到 Euler 定理, 即

$$M^{k\varphi(n)} = [M^{\varphi(n)}]^k \bmod n \equiv 1^k \bmod n.$$

　　以上是现代保密通信中一个革命性进展的大意. 简言之, 加密过程可看作正问题:

$$M \to E \tag{2.56}$$

或

$$M^h \bmod n \equiv E, \tag{2.57}$$

而解密过程可看作上述问题的逆问题:

$$E \to M \tag{2.58}$$

或

$$E^t = M^{hh^{-1}} \bmod n \equiv M. \tag{2.59}$$

正问题运用公钥, 显得光明正大; 逆问题参数隐蔽加上暗箱操作, "机关算尽". 所有这些计算都受到了同余计算的调制, 像穿着迷彩服一样, 容易使人困惑. 为了简单明了, 特附两个简单算例.

　　例 2.21　RSA 公钥体系算例 1.

　　(1) 接收方甲第一步.

　　设计了两个素数 $p = 11$ 和 $q = 17$, 以及二者乘积 $n = p \times q = 11 \times 17 = 187$, 和相应的 Euler 函数 $\varphi(187) = 160, \varphi(160) = 64$. 然后随意地挑出一个加密指数 $h = 7$, 它必须满足 $(h, \varphi(n)) = 1$. 与此同时, 还算出了相应的解密指数 $t = h^{-1}$, 也就是 h 的模为 $\varphi(n)$ 的同余逆, 它满足

$$t = h^{\varphi(\varphi(n))-1} = 7^{63} \equiv 23 \bmod 160. \tag{2.60}$$

预期接收方完成上述设计和一系列计算之后, 对网上公布的所谓公钥只给出两个参数: $n = 187$ 和 $h = 7$, 其余统统秘而不宣.

　　(2) 发信方乙第一步.

　　从公开的用户密码簿查出预期接收方的 "公钥" 后, 把欲转送给甲的数字化信息 $M = 3$ 和接收方的公钥结合成数字化密文 E 发出:

$$E = M^h = 3^7 = 2187 \equiv 130 \bmod 187. \tag{2.61}$$

　　(3) 接收方甲第二步.

　　收到上述密文 $E = 130$ 后, 就用解密指数 $t = 23$ 进行处理, 得到

$$E^t = 130^{23} \equiv 3 \bmod 187. \tag{2.62}$$

由此可知, 恢复出来的明文应是 3. 注意, 读者须独立验算一遍.

例 2.22 RSA 公钥体系算例 2.

(1) 接收方甲第一步.

设计了两个素数 $p = 89$ 和 $q = 103$, 以及二者乘积 $n = p \times q = 89 \times 103 = 9167$, 相应的 Euler 函数 $\varphi(9167) = 8976, \varphi(\varphi(8976)) = 2560$. 然后随意地挑出一个加密指数 $h = 13$, 它必须满足 $(h, \varphi(n)) = 1$. 与此同时, 还算出了相应的解密指数 t, 也就是 h 的同余逆 h^{-1}, 它满足

$$h^{-1} = h^{\varphi(\varphi(n))-1} = 13^{2599} \equiv 1381 \,\mathrm{mod}\, 8976. \tag{2.63}$$

预期接收者完成上述设计和一系列计算之后, 对网上公布的所谓公钥只给出两个参数: $n = 9167$ 和 $h = 13$, 其余统统秘而不宣.

(2) 发信方乙第一步.

从公开的用户密码簿查出预期接收者的 "公钥" 后, 把欲转送给甲的数字化信息 $M = 17$ 和接收方的公钥结合成数字化密文 E 发出:

$$E = M^h = 17^{13} \equiv 1833 \,\mathrm{mod}\, 9167. \tag{2.64}$$

(3) 接收方甲第二步

收到上述密文 $E = 1833$ 后, 就用解密指数 $t = 1381$ 进行处理, 得到

$$E^t = 1833^{1381} \equiv 17 \,\mathrm{mod}\, 9167. \tag{2.65}$$

由此可知, 恢复出来的明文应是 17. 注意, 读者必须具备独自进行上述所有同余计算的能力.

3. RSA 体系安全性

如上所述, 破解公钥密码体系的关键困难是对大素数乘积进行因子分解. 若能摆脱大数分解的步骤, 破解即有可能. 这就涉及 RSA 体系安全性的讨论. 为了有个初步了解, 我们回到上面的计算实例 1 的情况: $n = 187, h = 7$, 若明文是 $M = 3$, 则加密后为

$$E \equiv M^h = M^7 = 3^7 = 2187 \equiv 130 \,\mathrm{mod}\, 187.$$

对于窃密者而言, 很想知道 M, 但是只知道 h, n 和 E, 对 $p, q, t = h^{-1}$ 等参数一无所知, 当 p, q 足够大的时候, 我们也不知道 $\varphi(187)$ 和 $\varphi(\varphi(187))$, 但是, 概率上还包含 $(M, n) = 1$, 这说明 $h, M, E \in \Phi(n)$. 因此, 对接收到的 "加密信息" 继续不断 "加密", 即得下述序列:

$$E_0 = E, E_1 = E^h, E_2 = E^{h^2}, E_3 = E^{h^3}, \cdots.$$

序列中各元素取模 n 的余数必定仍在 $\Phi(n)$ 集合内, 一定会形成一个循环, 循环长度一定不大于 $\varphi(n)$:

$$E_0 \equiv M^7 \bmod 187 = 130 \rightarrow E_1 \equiv 130^7 \bmod 187 = 37 \rightarrow$$

$$E_2 \equiv 37^7 \bmod 187 = 181 \rightarrow E_3 \equiv 181^7 \bmod 187 = 3 \rightarrow$$

$$E_4 \equiv 3^7 \bmod 187 = 130 \rightarrow E_5 \equiv 130^7 \bmod 187 = 37 \rightarrow$$

$$\cdots\cdots$$

最后一行 E_4 项开始进入重复循环. 所要求的明文显然是 $M_{密} = 3$. "道高一尺, 魔高一丈", 这对网上通信安全是个漏洞. 但是, 从预期的合法收信人角度, 已知 $h = 7, \varphi(n) = 10 \times 16 = 160$, 计算乘法同余 $h^t \bmod 160$ 即有

$$7 \rightarrow 49 \rightarrow 343 \equiv 23 \bmod 160 \rightarrow 161 \equiv 1 \bmod 160 \rightarrow 7.$$

四步即进入循环, 阶数为 4, 这种循环的出现是很容易估算的. 但是, 合法收信人不希望这个循环太小, 以至于信息易被人破解. 注意, 这是和 M 的大小毫无关系的. 因此, 预期收信人在设计和选择 h 时, 一定要使它的循环阶数足够大, 不宜过于 "随意".

　　如上所述, 20 世纪 70 年代的 RSA 密钥方案给密码学带来了革命性的进步, 使密码学从经验技巧为基础的技艺转变为以科学为基础的现代技术, 并得以广泛应用.

　　上面所介绍的都是经典的讨论, 加密者和窃听者所掌握的工具和算法都是经典的. Diffie-Hellman 或 RSA 成功运行的基础就是经典的大数分解和离散对数提取的困难. 如果窃听者具备量子计算机, 大数分解之类的问题原则上容易解决. 这是在美国贝尔实验室工作的 Shor (1959—　, 见图 2.10) 在 1994 年提出来的 [Sho94]. 时年 35 岁的 Shor 的算法可以使量子计算机的运算速度比起用经典计算机有指数级的提升. 因此, 一旦量子计算能够投入使用, 现行的通信系统的安全性就会遭到毁灭性的威胁. 从理论上讲, 它的日子已经屈指可数, 长不了. 这种警告已经快 30 年了, 可是, 迄今为止, RSA 方案在电子邮件、网上支付等领域的实践中仍然普遍使用.

　　Shor 提出的这种快速分解大合数的量子算法的基础是寻找某些数列的阶数 ("周期长度"), 是首个有现实应用前景的大数分解算法.

　　Shor 怎么处理此事呢? 由于 $(s, n) = 1$, 他首先想到 Euler 定理

$$s^{\varphi(n)} \equiv 1 \bmod n$$

和

$$s^{L(s)} \equiv 1 \bmod n,$$

图 2.10　Shor

其中 $L = L(s)$ 是模 n 的同余数数列 $\{s^1, s^2, s^3, \cdots\}$ 中的循环长度, 且 $L|\varphi(n)$. 例如, 对于 $s = 97$ 及素数 $p = 229, q = 349$ 的情况, 序列开始于

$$97, 9409, 33542, 56734, \cdots,$$

并且以看似随机的方式继续, 没有表现出周期性. 只有在 $6612 = 228 \times 348/12$ 步之后, 它才会重新开始:

$$\cdots, 11535, 1, 97, 9409, \cdots.$$

新的公钥密码设计不断更新, 新的攻击方法也不断出现. 真所谓 "道高一尺, 魔高一丈", 精彩频出. 新技术总是声称能为人类社会的进步做出贡献, 假想这类保密通信技术被不法人员掌握, 怎么能侦察出他们的阴谋诡计呢?

附录 2.2　周期函数的非正交展开与双正交调制

在固体物理中, 倒易点阵的引入是十分重要的事情. 这其实是一种双正交的周期结构. 从正交函数系发展到对偶的非正交函数系应该也是十分有趣的命题. 周期性函数展开基的选择一直是个令人关注的问题, 最有名的方波展开方式之一就是 Walsh (1895—1973, 见图 2.11) 展开. 这是个正交函数系上的展开, 显得很复杂. 图 2.12 ~ 图 2.14 给出了几个周期函数的正交基, 它们很简单, 但是非正交的.

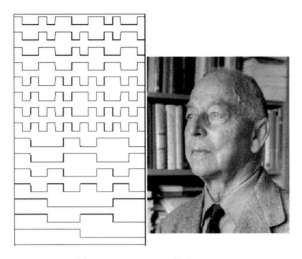

图 2.11　Walsh 函数和 Walsh

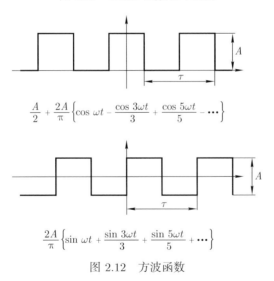

$$\frac{A}{2} + \frac{2A}{\pi}\left\{\cos \omega t - \frac{\cos 3\omega t}{3} + \frac{\cos 5\omega t}{5} - \cdots\right\}$$

$$\frac{2A}{\pi}\left\{\sin \omega t + \frac{\sin 3\omega t}{3} + \frac{\sin 5\omega t}{5} + \cdots\right\}$$

图 2.12　方波函数

1. 奇性函数的展开

众所周知, 任意奇性周期函数 $H(t)$ 可表示为

$$H_1(t) = \sum_{n=1}^{\infty} h(n) \sin nt, \tag{2.66}$$

则

$$\sin t = \sum_{n=1}^{\infty} h^{-1}(n) H_n(t), \tag{2.67}$$

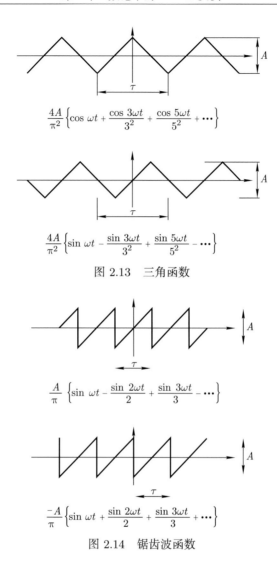

$$\frac{4A}{\pi^2}\left\{\cos\omega t+\frac{\cos 3\omega t}{3^2}+\frac{\cos 5\omega t}{5^2}+\cdots\right\}$$

$$\frac{4A}{\pi^2}\left\{\sin\omega t-\frac{\sin 3\omega t}{3^2}+\frac{\sin 5\omega t}{5^2}-\cdots\right\}$$

图 2.13　三角函数

$$\frac{A}{\pi}\left\{\sin\omega t-\frac{\sin 2\omega t}{2}+\frac{\sin 3\omega t}{3}-\cdots\right\}$$

$$\frac{-A}{\pi}\left\{\sin\omega t+\frac{\sin 2\omega t}{2}+\frac{\sin 3\omega t}{3}+\cdots\right\}$$

图 2.14　锯齿波函数

其中 $h^{-1}(n)$ 满足

$$\sum_{n|k}h^{-1}(n)h\left(\frac{k}{n}\right)=\delta_{k,1}. \tag{2.68}$$

今假设另有一奇性周期函数 $f(t)$ 为

$$f(t)=\sum_{n=1}^{\infty}b(n)\sin nt, \tag{2.69}$$

试问, 怎样写出 $f(t)$ 按照 $H_n(t)$ 展开的表达式? 按照 (2.67) 式即有

$$
\begin{aligned}
f(t) &= \sum_{n=1}^{\infty} b(n) \sum_{m=1}^{\infty} h^{-1}(m) H_{mn}(t) \\
&= \sum_{s=1}^{\infty} \Big[\sum_{n|s} b(n) h^{-1}\Big(\frac{s}{n}\Big) \Big] H_s(t) \\
&= \sum_{s=1}^{\infty} c(s) H_s(t).
\end{aligned}
\tag{2.70}
$$

一个周期函数在非正交系上的展开系数 $c(s)$ 等于它的 Fourier 展开系数 $b(n)$ 与数论函数 h 之逆 h^{-1} 之间的 Dirichlet 卷积. 展开基 $H_n(t)$ 可以是方波、三角波之类, 它们都不是正交函数组. 方波和锯齿波集见图 2.15 和图 2.16.

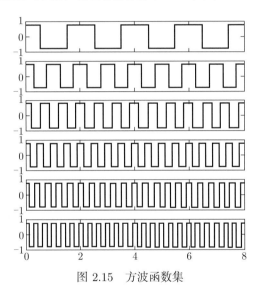

图 2.15　方波函数集

2. 偶性函数的展开

以直流分量为零的任意偶性周期函数为例:

$$
f(t) = \sum_{n=1}^{\infty} b(n) \cos nt,
\tag{2.71}
$$

即有

$$
\cos t = \sum_{n=1}^{\infty} b^{-1}(n) f(nt).
\tag{2.72}
$$

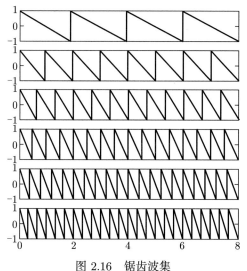

图 2.16　锯齿波集

又令

$$H_1(t) = \sum_{n=1}^{\infty} h(n) \cos nt, \qquad (2.73)$$

则

$$H_1(t) = \sum_{n=1}^{\infty} h(n) \sum_{m=1}^{\infty} b^{-1}(m) f(mnt)$$
$$\overset{mn=s}{=\!=\!=} \sum_{s=1}^{\infty} \Big[\sum_{n|s} h(n) b^{-1}(\frac{s}{n}) \Big] f(st). \qquad (2.74)$$

因此,

$$f(t) = \sum_{s=1}^{\infty} \Big[\sum_{n|s} h^{-1}(n) b(\frac{s}{n}) \Big] H_s(t)$$
$$= \sum_{s=1}^{\infty} c(s) H_s(t). \qquad (2.75)$$

现在的电磁波在空间转播时用正余弦展开, 但在接收端用的门电路是 0101 系统, 相当于方波展开, 转换时要用特殊数学处理. 若对电磁波传播就用方波展开, 接收端的处理就有望简化.

可以证明, 把 (2.66) 和 (2.67) 式改写成

$$F(t) = \sum_{n=1}^{[\tau/t]} h(n)f(nt),\qquad(2.76)$$

则有

$$f(t) = \sum_{n=1}^{[\tau/t]} h^{-1}(n)F(nt),\qquad(2.77)$$

其中 $h^{-1}(n)$ 满足 (2.68) 式.

3. 积性双正交调制

前面谈到通信中的密码安全性问题. 这节谈的是如何利用可逆函数来改善硬件设计, 使之具有非正交性, 增强保密性. 图 2.17 是一张通信中的调制 – 解调原理图. 图中最左边有若干个输入信号流, 每一个信号流都要通过与一个调制函数相乘, 而被调制 (modulation). 这些经过调制的信号流混合在一起传出去, 任何一接收终端收到的就是这个既经过调制又经过互相叠加掺和的混合波, 所谓解调 (demodulation) 就是再乘上一个解调函数, 然后用积分把高频成分滤掉, 恢复所需要的原来的信号. 设平常的调制函数组与解调函数组分别为

$$M_k(t) = \sin kt \quad \text{和} \quad D_\ell(t) = \sin \ell t,\qquad(2.78)$$

则有

$$\frac{1}{\pi}\int_0^{2\pi} M_k(t)D_\ell(t)\mathrm{d}t = \frac{1}{\pi}\int_0^{2\pi} \sin kt \sin \ell t\,\mathrm{d}t = \delta_{k,\ell}.\qquad(2.79)$$

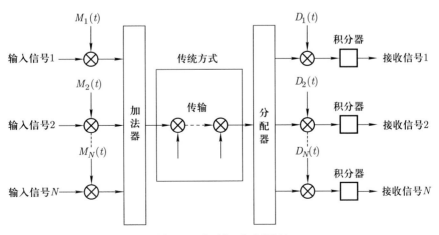

图 2.17　调制 – 解调原理

这就是正交调制 – 解调的原理. 传统的调制函数组是一组正交函数, 解调函数组与调制函数组全同. 这种通信方式的保密性是很弱的. 下面介绍一种非正交调制的原理.

定理 2.8　对于任意确定的正整数 N, 设有两个非正交函数组

$$H_k(t) = \sum_{q=1}^{[N/k]} r(q) \sin kqt \ (1 \leqslant k \leqslant N), \tag{2.80}$$

$$\widetilde{H}_\ell(t) = \sum_{s|\ell} r^{-1}\left(\frac{\ell}{s}\right) \sin st \ (1 \leqslant \ell \leqslant N), \tag{2.81}$$

则有

$$\frac{1}{\pi} \int_0^{2\pi} H_k(t) \widetilde{H}_\ell(t) \mathrm{d}t = \delta_{k,\ell}, \tag{2.82}$$

其中 $r^{-1}(n)$ 满足

$$\sum_{n|k} r^{-1}(n) r\left(\frac{k}{n}\right) = \delta_{k,1}. \tag{2.83}$$

证明

$$\frac{1}{\pi} \int_0^{2\pi} H_k(t) \widetilde{H}_\ell(t) \mathrm{d}t$$

$$= \frac{1}{\pi} \int_0^{2\pi} \mathrm{d}t \left\{ \sum_{q=1}^{[N/k]} r(q) \sin kqt \right\} \left\{ \sum_{s|\ell} r^{-1}(\ell/s) \sin st \right\}$$

$$= \sum_{q=1}^{[N/k]} \sum_{s|\ell} r(q) r^{-1}(\ell/s) \cdot \frac{1}{\pi} \int_0^{2\pi} \mathrm{d}t \sin st \sin kqt$$

$$= \sum_{q=1}^{[N/k]} \sum_{s|\ell} r(q) r^{-1}(\ell/s) \delta_{s,kq} = \sum_{q=1}^{[N/k]} r^{-1}(\ell/kq) r(q) = \delta_{\ell,k}.$$

$\square$

现在, 调制函数组 $M_k(t)$ 和解调函数组 $D_k(t)$ 是不同的非正交函数组, 但是其间又有双正交的关系, 提高了调制 – 解调系统的安全性. 上述非正交函数组中的调制函数 $\sin kqt$ 和 $\sin st$ 也可以换成 Legendre 函数 $P_{kq}(\cos t)$ 和 $P_s(\cos t)$.

下面介绍 Legendre 函数的积性双正交调制.

定理 2.9　设有两组函数 $H_k(t)$ 和 $\widetilde{H}_\ell(t)$:

$$H_k(t) = \sum_{d=1}^{[N/k]} r(d)Q_{kd}(\cos t),$$

$$\tilde{H}_\ell(t) = \sum_{s|\ell} r^{-1}\left(\frac{\ell}{s}\right)Q_s(\cos t), \tag{2.84}$$

其中正整数 $k, \ell \in [1, N]$, $Q_n(x) = \sqrt{(2n+1)/2}P_n(x)$, $P_n(x)$ 为 Legendre 多项式, $r(n)$ 与 $r^{-1}(n)$ 满足

$$\sum_{n|k} r(n)r^{-1}\left(\frac{k}{n}\right) = \delta_{k,1}, \tag{2.85}$$

则有

$$\int_0^\pi H_k(t)\tilde{H}_\ell(t)\sin t\,\mathrm{d}t = \delta_{k,\ell}. \tag{2.86}$$

这是两组特殊构造的非正交函数系之间的倒易关系, 或对偶关系. 若选 $r(n) = \tau(n)$, 则 $r^{-1}(n) = [\mu \otimes \mu](n)$. 相应的 $H_k(t)$ 和 $\tilde{H}_\ell(t)$ 如图 2.18 所示. 这时, 调制函数与解调函数差别极大, 有利于保密通信.

各种趣味设计可想而知, 例如, 将意大利歌曲《我的太阳》的简谱记作 $r(n)$, 则有表 2.5.

表 2.5　我的太阳

n	1	2	3	4	5	6	7	8	9	10	11
$r(n)$	5	4	3	2	1	0	1	2	3	1	7
$r^{-1}(n)$	$\frac{1}{5}$	$\frac{-4}{25}$	$\frac{-3}{25}$	$\frac{6}{125}$	$\frac{-1}{25}$	$\frac{24}{125}$	$\frac{-1}{25}$	$\frac{-34}{625}$	$\frac{-6}{125}$	$\frac{3}{125}$	$\frac{-7}{25}$
n	12	13	14	15	16	17	18	19	20	21	22
$r(n)$	6	6	0	7	1	2	7	6	6	0	7
$r^{-1}(n)$	$\frac{-234}{625}$	$\frac{-6}{25}$	$\frac{8}{125}$	$\frac{-29}{125}$	$\frac{151}{3125}$	$\frac{-2}{25}$	$\frac{-163}{625}$	$\frac{-6}{25}$	$\frac{-138}{625}$	$\frac{6}{125}$	$\frac{21}{125}$
n	23	24	25	26	27	28	29	30	31	32	33
$r(n)$	1	2	6	5	0	4	3	2	5	3	2
$r^{-1}(n)$	$\frac{-1}{25}$	$\frac{1298}{3125}$	$\frac{-29}{125}$	$\frac{23}{125}$	$\frac{63}{125}$	$\frac{-128}{625}$	$\frac{-3}{125}$	$\frac{188}{625}$	$\frac{-1}{5}$	$\frac{-1939}{15625}$	$\frac{32}{125}$
n	34	35	36	37	38	39	40	41	42	43	44
$r(n)$	1	0	2	3	2	3	2	1			
$r^{-1}(n)$	$\frac{11}{125}$	$\frac{2}{125}$	$\frac{2224}{3125}$	$\frac{-3}{25}$	$\frac{38}{125}$	$\frac{21}{125}$	$\frac{926}{3125}$	$\frac{-1}{25}$			

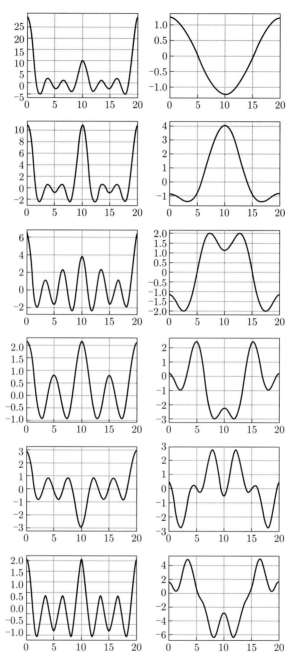

图 2.18　以 Legendre 函数为基的一组积性双正交调制–解调函数, 左边是 $H_k(t)$, 右边是 $\tilde{H}_\ell(t)$

相应的双正交函数组一定很有趣, 希望读者自行计算. 总之, 让 "窃听者" 困惑, 让 "自己人" 轻松. 显然, 用任意随机数发生器产生一组伪随机数列, 就完全可以构建一组调制函数和相应的解调函数, 做出随机调制的设计.

4. 加性双正交调制

这部分内容涉及第四章加法半群的概念.

定理 2.10 设有两组函数 $H_k(t)$ 和 $\tilde{H}_\ell(t)$:

$$\begin{cases} H_k(t) = \sum_{n=0}^{N-k} r(n)\cos(k+n)t, \\ \tilde{H}_\ell(t) = \sum_{0 \leqslant s \leqslant \ell} r_\oplus^{-1}(\ell-s)\cos st, \end{cases} \qquad (2.87)$$

其中非负整数 $k, \ell \in [0, N]$, 且

$$\sum_{0 \leqslant n \leqslant k} r_\oplus^{-1}(n)r(k-n) = \delta_{k,0}, \qquad (2.88)$$

则

$$\frac{1}{\pi}\int_0^{2\pi} H_k(t)\tilde{H}_\ell(t)\mathrm{d}t = \delta_{k,\ell}. \qquad (2.89)$$

证明

$$\frac{1}{\pi}\int_0^{2\pi} H_k(t)\tilde{H}_\ell(t)\mathrm{d}t$$

$$= \frac{1}{\pi}\int_0^{2\pi} \sum_{n=0}^{N-k} r(n)\cos(k+n)t \sum_{0 \leqslant s \leqslant \ell} r_\oplus^{-1}(\ell-s)\cos st\, \mathrm{d}t$$

$$= \sum_{n=0}^{N-k} r(n) \sum_{0 \leqslant s \leqslant \ell} r_\oplus^{-1}(\ell-s)\frac{1}{\pi}\int_0^{2\pi}\cos(k+n)t\cos st\mathrm{d}t$$

$$= \sum_{n=0}^{N-k} r(n) \sum_{0 \leqslant s \leqslant \ell} r_\oplus^{-1}(\ell-s)\delta_{k+n,s}$$

$$= \sum_{n=0}^{N-k} r(n)r_\oplus^{-1}(\ell-k-n) = \delta_{\ell-k,0} = \delta_{k,\ell}.$$

$\square$

请读者认真分析上述证明过程.

例 2.23 偶性方波的加性双正交调制. 设有偶性方波

$$Sq_0(t) = 1 + \cos t - \frac{1}{3}\cos 3t + \frac{1}{5}\cos 5t - \frac{1}{7}\cos 7t + \cdots, \tag{2.90}$$

并在 $N = 6$ 处截断, 且限制 $k, \ell \in [0,5]$, 则可构造出一组双正交函数组 $H_k(t)$ 和 $\tilde{H}$ 如下 (参看图 2.19):

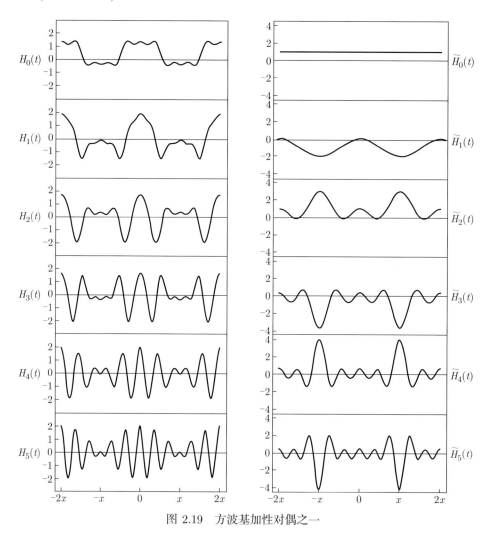

图 2.19   方波基加性对偶之一

$$H_0(t) = \frac{1}{2} + \cos t - \frac{1}{3}\cos 3t + \frac{1}{5}\cos 5t,$$

$$H_1(t) = \cos t + \cos 2t - \frac{1}{3}\cos 4t + \frac{1}{5}\cos 6t,$$

$$H_2(t) = \cos 2t + \cos 3t - \frac{1}{3}\cos 5t,$$

$$H_3(t) = \cos 3t + \cos 4t - \frac{1}{3}\cos 6t,$$

$$H_4(t) = \cos 4t + \cos 5t,$$

$$H_5(t) = \cos 5t + \cos 6t,$$

和

$$\tilde{H}_0(t) = 1,$$

$$\tilde{H}_1(t) = \cos t - 1,$$

$$\tilde{H}_2(t) = \cos 2t - \cos t + 1,$$

$$\tilde{H}_3(t) = \cos 3t - \cos 2t + \cos t - 2/3,$$

$$\tilde{H}_4(t) = \cos 4t - \cos 3t + \cos 2t - (2/3)\cos t + 1/3,$$

$$\tilde{H}_5(t) = \cos 5t - \cos 4t + \cos 3t - (2/3)\cos 2t + 1/3\cos t - 1/5.$$

具体的操作步骤如下:

(1) 先把 (2.90) 式当作 $H_0(t)$, 由此得到 $r(n)$;

(2) 依照 (2.87) 式写出 $H_1(t), H_2(t), \cdots, H_5(t)$ 以及 $\tilde{H}_0(t), \cdots, \tilde{H}_5(t)$.

所有双正交关系均成立. 只是下述归一性有问题, 即

$$(1/\pi)\int_0^{2\pi} H_0(t)\tilde{H}_0(t)\mathrm{d}t = 2.$$

所以, 将 $H_0(t)$ 中常数项调整为 $1/2$ 即可解决问题.

注意, 将 $H_0(t) = 1/2$ 改成 $H_0(t) = \sin t$, $H_1(t)$ 加上 $\sin 6t$, $H_2(t)$ 加上 $\sin 5t$, $H_3(t)$ 加上 $\sin 4t$, $H_4(t)$ 加上 $\sin 3t$, 同时, 将 $\tilde{H}_0(t) = 1$ 改成 $\tilde{H}_0(t) = \sin t$, 这时, 上述双正交关系依然存在, 见图 2.20. 实际上, 将图 2.19 中的 $H_0(t)$ 改成方波, 见图 2.21, 对偶关系也是不变的. 一般而言, 降维处理常会使一个问题确定化, 升维处理常会使问题去确定化. 确定化可以有助于一些问题的解决, 去确定化也可以有助于一些问题的解决.

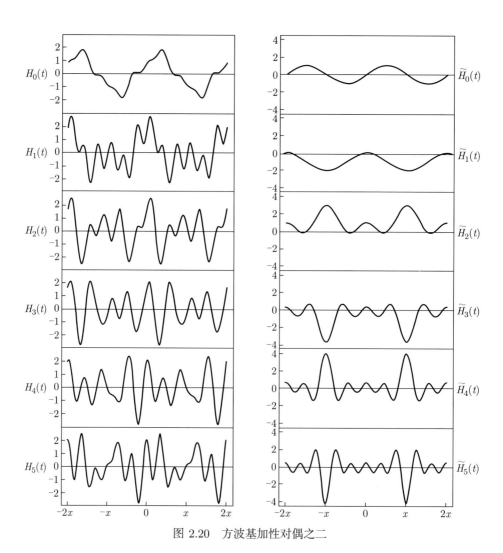

图 2.20　方波基加性对偶之二

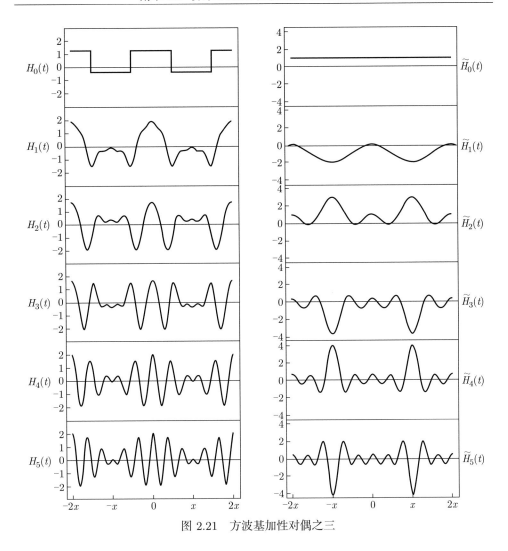

图 2.21　方波基加性对偶之三

附录 2.3　算术 Fourier 变换 AFT 的基本概念

　　早在 1903 年, 德国数学家 Bruns 就提出如何运用 Möbius 反演公式来计算周期函数的 Fourier 展开系数 [Bru03]. 40 多年后的 1947 年, 美国数学家 Wintner 也提出了一个类似的计算程序, 但只适用于偶性的周期函数. 又过了 40 多年, Tufts 和 Sadasiv 几乎重复了 Wintner 的方案, 但指出了对信号处理和大规模集成电路 (VLSI) 的应用, 并开始使用 AFT 这个名词 [Tuf88]. 不久, Schiff 将 Wintner 程序加以推广, 使得正弦和余弦的展开系数都能计算 [Sch88]. 1990 年, Reed 针对展开系数个数有限的周期函数, 提出了 AFT 计算方法 [Ree90]. 另外, 他在检验 Bruns 程序后, 认为它具有既简单又普遍的优点 [Sch92,Hsu94]. 现在, Bruns 程序和 Wintner 程序都已经在 Fourier 卷积、Z-变换以及 VLSI 等方面得到了应用.

1. Wintner AFT 的基本定理

定理 2.11 设函数 $f(x)$ 是一个没有直流分量的周期函数, 即

$$f(x) = \sum_{n=1}^{\infty} \big(a(n)\cos nx + b(n)\sin nx \big), \tag{2.91}$$

则

$$a(n) = \sum_{m=1}^{\infty} \frac{\mu(m)}{mn} \sum_{s=1}^{mn} f\Big(\frac{2\pi s}{mn} \Big), \tag{2.92}$$

$$b(n) = (-1)^k \sum_{m=1}^{\infty} \frac{\mu(m)}{mn} \sum_{s=1}^{mn} f\Big(\frac{2\pi s}{mn} + \frac{2\pi}{2^{q+2}} \Big), \tag{2.93}$$

其中 $n = 1, 2, \cdots$, 且 k, q 满足

$$n = 2^q(2k+1). \tag{2.94}$$

与 $n = 2^q(2k+1)$ 对应的 k, q 的唯一性见表 2.6.

表 2.6 与 $n = 2^q(2k+1)$ 对应的 k, q 的唯一性

n	1	2	3	4	5	6	7	8
q	0	1	0	2	0	1	0	3
k	0	0	1	0	2	1	3	0
$2^{-(q+2)}$	1/4	1/8	1/4	1/16	1/4	1/8	1/4	1/32

证明 令 $x = 2\pi, \dfrac{2\pi}{2}, \dfrac{2\pi}{3}, \cdots, \dfrac{2\pi}{n}$, 则

$$\sum_{r=1}^{\infty} a(r) = f(0) = f(2\pi) = S(1),$$

$$\sum_{r=1}^{\infty} a(2r) = \frac{1}{2}[f(\pi) + f(2\pi)] = S(2),$$

$$\cdots\cdots$$

$$\sum_{r=1}^{\infty} a(nr) = \frac{1}{n} \sum_{s=1}^{n} f\Big(\frac{2\pi s}{n} \Big) = S(n),$$

其中 $S(n)$ 表示 n 个取样的平均值. 由上式即得

$$\frac{1}{n}\sum_{s=1}^{n} f\left(\frac{2\pi s}{n}\right) = \frac{1}{n}\sum_{s=1}^{n}\sum_{k=1}^{\infty}\left[a_k\cos 2\pi\frac{ks}{n} + b_k\sin 2\pi\frac{ks}{n}\right]$$

$$= \sum_{k=1}^{\infty} a_k\left[\frac{1}{n}\sum_{s=1}^{n}\cos 2\pi\frac{ks}{n}\right] + \sum_{k=1}^{\infty} b_k\left[\frac{1}{n}\sum_{s=1}^{n}\sin 2\pi\frac{ks}{n}\right]$$

$$= a_k\big|_{k=nr} = \sum_{r=1}^{\infty} a_{nr},$$

其中用到了

$$\frac{1}{n}\sum_{m=1}^{n}\cos 2\pi\frac{km}{n} = \begin{cases} 1, & \text{若 } n|k, \\ 0, & \text{若 } n\nmid k \end{cases}$$

和

$$\frac{1}{n}\sum_{m=1} n\sin 2\pi\frac{km}{n} = 0.$$

因此,

$$a(n) = \sum_{m=1}^{\infty}\mu(m)S(mn) = \sum_{m=1}^{\infty}\frac{\mu(m)}{mn}\sum_{s=1}^{mn} f\left(\frac{2\pi s}{mn}\right). \tag{2.95}$$

定理第二部分的证明如下.

对于确定的 $n = 2^q(2k+1)$, 可以引入一个新变量 x:

$$x = t + \frac{2\pi}{2^{q+2}} \equiv t + \alpha, \tag{2.96}$$

因此,

$$f(t+\alpha) = \sum_{n=1}^{\infty}\left[a(n)\cos n(t+\alpha) + b(n)\sin n(t+\alpha)\right]$$

$$= \sum_{n=1}^{\infty}\left[a(n)\left(\cos nt\cos n\alpha - \sin nt\sin n\alpha\right)\right.$$

$$\left. + \sum_{n=1}^{\infty} b(n)\left(\sin nt\cos n\alpha - \cos nt\sin n\alpha\right)\right].$$

这可改写成

$$\sum_{n=1}^{\infty}\left[a'(n)\cos nt + b'(n)\sin nt\right] = f\left(t + \frac{2\pi}{2^{q+2}}\right),$$

其中

$$a'(n) = a(n)\cos n\alpha + b(n)\sin n\alpha,$$

$$b'(n) = -a(n)\sin n\alpha + b(n)\cos n\alpha.$$

比较上述两式, 并考虑到 $n = 2^q(2k+1)$, 即知 $a(n), b(n), a'(n), b'(n)$ 之间关系为

$$a'(n) = (-1)^k b(n) \quad \text{和} \quad b'(n) = (-1)^{k+1} a(n), \tag{2.97}$$

所以,

$$b(n) = (-1)^k a'(n) = \sum_{m=1}^{\infty} \frac{\mu(m)}{mn} \sum_{s=1}^{mn} f\left(\frac{2\pi s}{mn} + \frac{2\pi}{2^{q+2}}\right).$$

$\square$

注意, 若记

$$S(mn, \alpha) = \frac{1}{mn} \sum_{s=1}^{n} f\left(\frac{2\pi s}{mn} + 2\pi\alpha\right),$$

其中 $\alpha = 1/2^{q+2}$, 这时有

$$(-1)^k b(n) = \sum_{m=1}^{\infty} \mu(m) S(mn, \alpha),$$

即有

$$S(mn, \alpha) = \sum_{m=1}^{\infty} (-1)^k b(mn).$$

在 Wintner 之后约 40 年, Tufts 和 Sadasiv 独立地再次获得了上述结果. 注意, 这和早先的离散 Fourier 变换是不同的, 正弦/余弦有关的项已经不再出现, 所以省去了大量正余弦数值的存贮. 另一方面, Möbius 函数只取 $1, -1, 0$ 三个值, 节省了大量运算, 换句话说, FFT 中大量乘法运算在 AFT 中变成了加减法, 适合并行运算的需要. 另外, 含有直流分量的情形, 将在 Bruns 算法中介绍.

2. Reed 对 Wintner 算法的改进

为了介绍 Reed 对 Wintner 算法的改进, 先复习两条 Möbius 反演定理的变形.

定理 2.12

$$G(x) = \sum_{n=1}^{[x]} F\left(\frac{x}{n}\right) \overset{x>1}{\Longleftrightarrow} F(x) = \sum_{n=1}^{[x]} \mu(n) G\left(\frac{x}{n}\right).$$

证明

$$\sum_{n=1}^{[x]} \mu(n)G\Big(\frac{x}{n}\Big)$$

$$= \sum_{n=1}^{[x]} \mu(n) \sum_{m=1}^{[x/n]} F\Big(\frac{x}{mn}\Big)$$

$$= \sum_{k=1}^{[x]} F\Big(\frac{x}{k}\Big)\Big[\sum_{n|k}\mu(n)\Big] = F(x).$$

□

定理 2.13

$$G(k) = \sum_{n=1}^{[N/k]} F(kn) \overset{1\leqslant k\leqslant N}{\Longleftrightarrow} F(k) = \sum_{n=1}^{[N/k]} \mu(n)G(kn).$$

证明

$$\sum_{n=1}^{[N/k]} \mu(n)G(kn) = \sum_{n=1}^{[N/k]} \mu(n) \sum_{m=1}^{[N/kn]} F(kmn)$$

$$\overset{s=mn}{\Longrightarrow} \sum_{s=1}^{[N/k]} F(sk)\Big[\sum_{n|s}\mu(n)\Big] = F(k),$$

其中用到了 $1 \leqslant m \leqslant [N/nk] \Longrightarrow 1 \leqslant s \leqslant [N/kn]n \leqslant [N/k]$.

□

1990 年, Reed 提出了对 Wintner 算法的改进 [Ree90], 他写出

$$f(x) = \sum_{n=1}^{N} \big(a(n)\cos nx + b(n)\sin nx\big), \quad x \in (-\infty, \infty).$$

相对于前面的无限和, Reed 推出所谓 "严格" 的展开系数为

$$a(n) = \sum_{m=1}^{[N/n]} \frac{\mu(m)}{mn} \sum_{s=1}^{mn} f\Big(\frac{2\pi s}{mn}\Big),$$

$$b(n) = (-1)^k \sum_{m=1}^{[N/n]} \frac{\mu(m)}{mn} \sum_{s=1}^{mn} f\Big(\frac{2\pi s}{mn} + \frac{2\pi}{2^{q+2}}\Big).$$

相对于传统的 DFT 或 FFT 而言, 这里的 AFT 计算除了加减以外, 剩下的乘法运算只有乘以整数的倒数. 但是, 取样的数目却大大多于 $a(n)$ 或 $b(n)$ 的个数.

例 2.24 以 $N = 4$ 为例, 即有

$$a(1) = \sum_{m=1}^{4} \frac{\mu(m)}{m} \sum_{s=1}^{m} m f\left(\frac{2\pi s}{m}\right)$$

$$= \mu(1)f(2\pi) + \frac{\mu(2)}{2}\Big[f(\pi) + f(2\pi)\Big]$$

$$+ \frac{\mu(3)}{3}\Big[f\left(\frac{2\pi}{3}\right) + f\left(\frac{4\pi}{3}\right) + f(2\pi)\Big]$$

$$+ \frac{\mu(4)}{4}\Big[f\left(\frac{\pi}{2}\right) + f(\pi) + f\left(\frac{3\pi}{2}\right) + f(\pi)\Big],$$

$$a(2) = \sum_{m=1}^{2} \frac{\mu(m)}{2m} \sum_{s=1}^{2m} f\left(\frac{2\pi s}{2m}\right)$$

$$= \frac{\mu(1)}{2}\Big[f(\pi) + f(2\pi)\Big] = \frac{\mu(2)}{4}\Big[f\left(\frac{\pi}{2}\right) + f(\pi) + f\left(\frac{3\pi}{2}\right) + f(2\pi)\Big],$$

$$a(3) = \frac{\mu(1)}{3} \sum_{s=1}^{3} f\left(\frac{2\pi s}{3}\right) = \frac{1}{3}\Big[f\left(\frac{2\pi}{3}\right) + f\left(\frac{4\pi}{3}\right) + f(2\pi)\Big],$$

$$a(4) = \frac{\mu(1)}{4} \sum_{s=1}^{4} f\left(\frac{2\pi}{4}\right) = \frac{1}{4}\Big[f\left(\frac{\pi}{2}\right) + f(\pi) + f\left(\frac{3\pi}{2}\right) + f(2\pi)\Big].$$

上述例子清楚地说明了 AFT 大大减少乘法运算的优点: 大量的乘法运算被加减运算以及整数求倒数的运算所代替. 但是也出现了非均匀取样的新问题. 在 $N = 4$ 的例子中, 就需要下述数据:

$$f\left(2\pi\frac{1}{4}\right), f\left(2\pi\frac{2}{4}\right), f\left(2\pi\frac{3}{4}\right), f\left(2\pi\frac{4}{4}\right), f\left(2\pi\frac{1}{3}\right), f\left(2\pi\frac{2}{3}\right),$$

对应的是非均匀取样, 数列也可表示为

$$\frac{1}{4}, \frac{1}{3}, \frac{1}{2}, \frac{2}{3}, \frac{3}{4}, 1.$$

若使之成为均匀取样, 此数列成为

$$\frac{1}{12}, \frac{1}{6}, \frac{1}{4}, \frac{1}{3}, \frac{5}{12}, \frac{1}{2}, \frac{7}{12}, \frac{2}{3}, \frac{3}{4}, \frac{5}{6}, \frac{11}{12}, 1.$$

显然造成取样过度 (over-sampling).

相应的 $b(1), b(2), b(3), b(4)$ 为

$$b(1) = \sum_{m=1}^{4} \frac{\mu(m)}{m} \sum_{s=1}^{m} f\left(\frac{2\pi s}{m} + \frac{2\pi}{2^2}\right)$$

$$= \frac{\mu(1)}{1} f\left(2\pi\left(\frac{1}{1} + \frac{1}{4}\right)\right) + \frac{\mu(2)}{2}\Big[f\left(2\pi\left(\frac{1}{2} + \frac{1}{4}\right)\right) + f\left(2\pi\left(\frac{2}{2} + \frac{1}{4}\right)\right)\Big]$$

$$+ \frac{\mu(3)}{3}\Big[f\left(2\pi\left(\frac{1}{3} + \frac{1}{4}\right)\right) + f\left(2\pi\left(\frac{2}{3} + \frac{1}{4}\right)\right) + f\left(2\pi\left(\frac{3}{3} + \frac{1}{4}\right)\right)\Big],$$

$$b(2) = \sum_{m=1}^{2} \sum_{s=1}^{2m} f\left(2\pi\left(\frac{s}{2m} + \frac{1}{8}\right)\right)$$

$$= \frac{\mu(1)}{2}\left[f\left(2\pi\left(\frac{1}{2} + \frac{1}{8}\right)\right) + f\left(2\pi\left(1 + \frac{1}{8}\right)\right)\right]$$

$$+ \frac{\mu(2)}{4}\left[f\left(2\pi\left(\frac{1}{4} + \frac{1}{8}\right)\right) + f\left(2\pi\left(\frac{1}{2} + \frac{1}{8}\right)\right)\right.$$

$$\left. + f\left(2\pi\left(\frac{3}{4} + \frac{1}{8}\right)\right) + f\left(2\pi\left(1 + \frac{1}{8}\right)\right)\right],$$

$$b(3) = \frac{\mu(1)}{3}\sum_{s=1}^{3} f\left(2\pi\left(\frac{s}{3} + \frac{1}{4}\right)\right)$$

$$= \frac{\mu(1)}{3}\left[f\left(2\pi\left(\frac{1}{3} + \frac{1}{4}\right)\right) + f\left(2\pi\left(\frac{2}{3} + \frac{1}{4}\right)\right) + f\left(2\pi\left(\frac{3}{3} + \frac{1}{4}\right)\right)\right],$$

$$b(4) = \frac{\mu(1)}{4}\sum_{s=1}^{4} f\left(2\pi\left(\frac{s}{4} + \frac{1}{16}\right)\right) = \frac{\mu(1)}{4}\left[f\left(2\pi\left(\frac{1}{4} + \frac{1}{16}\right)\right)\right.$$

$$\left. + f\left(2\pi\left(\frac{2}{4} + \frac{1}{16}\right)\right) + f\left(2\pi\left(\frac{3}{4} + \frac{1}{16}\right)\right) + f\left(2\pi\left(\frac{4}{4} + \frac{1}{16}\right)\right)\right].$$

这时的取样序列是 $\dfrac{9}{16}, \dfrac{13}{16}, \dfrac{5}{16}, \dfrac{7}{8}, \dfrac{5}{8}, \dfrac{3}{8}, \dfrac{7}{12}, \dfrac{11}{12}, \dfrac{3}{4}$, 构成均匀取样就是 48 个, 过度取样更甚.

附录 2.4 Bruns 的 AFT 基本定理

Bruns 定义了一个函数 $B(2n, \alpha)$, 它是周期函数 $f(x)$ 附有相移后的交叉叠加平均值:

$$B(2n, \alpha) = \frac{1}{2n}\sum_{m=1}^{2n} (-1)^m f\left(2\pi\frac{m}{2n} + 2\pi\alpha\right). \tag{2.98}$$

关于 Fourier 展开系数的定理如下.

定理 2.14 若有周期函数 $f(x)$, 则其 Fourier 展开系数为

$$a(0) = \frac{1}{\pi}\int_0^{2\pi} f(x)\mathrm{d}x, \tag{2.99}$$

$$a(n) = \sum_{\ell=1,3,5,\cdots}^{[N/n]} \mu(\ell)B(2n\ell, 0), \tag{2.100}$$

$$b(n) = \sum_{\ell=1,3,5,\cdots}^{[N/n]} (-1)^{(2\ell-1)/2}\mu(\ell)B\left(2n\ell, \frac{1}{4n\ell}\right). \tag{2.101}$$

证明　注意, 证明中要用到以前的一个公式

$$S(n,\alpha) = \sum_{r=1}^{\infty} a_{nr} = \frac{1}{n}\sum_{s=1}^{n} f\left(2\pi\left(\frac{s}{n}+\alpha\right)\right).$$

证明如下.

(1) 首先要证明

$$S(n,\alpha) = a(0) + \sum_{m=1}^{[N/n]} c(mn,\alpha). \tag{2.102}$$

由此得出

$$c(n,\alpha) = \sum_{m=1}^{[N/n]} \mu(m)\Big[S(mn,\alpha) - a(0)\Big]. \tag{2.103}$$

注意, 若求和式上限为无穷大, 反演不可能成立, 除非直流分量为零.

(2) 其次要证明

$$B(2n,0) = \sum_{\ell=1,3,\cdots}^{[N/n]} a(\ell n) \tag{2.104}$$

以及

$$B\left(2n,\frac{1}{4n}\right) = \sum_{\ell=1,3,\cdots}^{[N/n]} (-1)^{(\ell-1)/2} b(\ell n). \tag{2.105}$$

第一步: (2.102) 式的证明.

$c(n,\alpha)$ 和 $d(n,\alpha)$ 可分别定义为

$$c(n,\alpha) = a(n)\cos 2\pi n\alpha + b(n)\sin 2\pi n\alpha \tag{2.106}$$

和

$$d(n,\alpha) = -a(n)\sin 2\pi n\alpha + b(n)\cos 2\pi n\alpha, \tag{2.107}$$

其中 $\alpha \in (-1,1)$. 因此,

$$f(t+\alpha T) = a(0) + \sum_{k=1}^{N} c(k,\alpha)\cos 2\pi k f_0 t + \sum_{k=1}^{N} d(k,\alpha)\sin 2\pi k f_0 t,$$

且

$$S(n, \alpha) = \frac{1}{n} \sum_{m=1}^{n} f\left(\frac{m}{n}T + \alpha T\right)$$

$$= \frac{1}{n} \sum_{m=1}^{n} \left[a(0) + \sum_{k=1}^{N} c(k, \alpha) \cos \frac{2\pi km}{n} + \sum_{k=1}^{N} d(k, \alpha) \sin \frac{2\pi km}{n} \right]$$

$$= a(0) + \sum_{k=1}^{N} c(k, \alpha) \frac{1}{n} \sum_{m=1}^{n} \cos \frac{2\pi km}{n} + \sum_{k=1}^{N} c(k, \alpha) \frac{1}{n} \sum_{m=1}^{n} \sin \frac{2\pi km}{n}$$

$$= a(0) + \sum_{k=1}^{N} c(k, \alpha) \frac{1}{n} \sum_{m=1}^{n} \cos \frac{2\pi km}{n}$$

$$= a(0) + \sum_{r=1}^{[N/n]} c(rn, \alpha).$$

(2.102) 式的证明到此为止, 其中用到

$$\frac{1}{n} \sum_{m=1}^{n} \cos \frac{2\pi km}{n} = \begin{cases} 0, & \text{若 } n \nmid k, \\ 1, & \text{若 } n \mid k \end{cases}$$

和

$$\frac{1}{n} \sum_{m=1}^{n} \sin \frac{2\pi km}{n} = 0.$$

用 Möbius 反演即得

$$c(n, \alpha) = \sum_{m=1}^{[N/n]} \mu(m) \Big[S(mn, \alpha) - a(0) \Big].$$

第二步: (2.100) 和 (2.101) 式的证明.

根据定义,

$$B(2n, \alpha) = \frac{1}{2n} \sum_{m=1}^{2n} (-1)^m f\left(2\pi \frac{m}{2n} + 2\pi\alpha\right),$$

所以

$$B(2n, 0) = \frac{1}{2n} \sum_{m=1}^{2n} (-1)^m f\left(2\pi \frac{m}{2n}\right)$$

$$= \frac{1}{2n} \left[\sum_{m=1}^{n} f\left(2\pi \frac{m}{2n}\right) - \sum_{m=1}^{n} f\left(2\pi \frac{m}{2n} + \frac{2\pi}{2n}\right) \right].$$

与此同时,

$$S(n, \alpha) = a(0) + \sum_{\ell=1}^{\infty} c(\ell n, \alpha)$$

$$= a(0) + \Big[\sum_{\ell=1}^{\infty} \Big(a(\ell n) \cos 2\pi \ell n \alpha + b(\ell n) \sin 2\pi \ell n \alpha \Big) \Big].$$

由此即得

$$B(2n, 0) = \frac{1}{2} \Big[S(n, 0) - S(n, \frac{1}{n}) \Big]$$

$$= \frac{1}{2} \sum_{\ell=1}^{[N/n]} \Big[a(\ell n) - a(\ell n) \cos \ell n \Big]$$

$$= \sum_{\ell=1,3,5,\cdots}^{[N/n]} a(\ell n).$$

故有 (2.100) 式成立, 即

$$a(n) = \sum_{\ell=1,3,5,\cdots}^{[N/n]} \mu(\ell) B(2n\ell, 0).$$

类似地,

$$B\Big(2n, \frac{1}{4n}\Big) = \frac{1}{2} \sum_{m=1}^{2n} (-1)^m f\Big(\frac{2\pi m}{2n} + \frac{2\pi}{4n}\Big)$$

$$= \frac{1}{2} \sum_{m=1}^{n} \Big[f\Big(\frac{2\pi m}{2n} + \frac{2\pi}{4n}\Big) f\Big(\frac{2\pi m}{2n} + \frac{2\pi}{2n} + \frac{2\pi}{4n}\Big) \Big]$$

$$= \frac{1}{2} \Big[S\Big(n, \frac{1}{4n}\Big) - S\Big(n, \frac{3}{4n}\Big) \Big]$$

$$= \frac{1}{2} \sum_{\ell=1}^{\infty} \Big[a(\ell n) \cos \frac{\ell \pi}{2} + b(\ell n) \sin \frac{\ell \pi}{2} - a(\ell n) \cos \frac{\ell \pi}{2} - b(\ell n) \sin \frac{3\ell \pi}{2} \Big]$$

$$= \sum_{\ell=1,3,5,\cdots}^{\infty} (-1)^{(\ell-1)/2} b(\ell n).$$

这说明 (2.101) 成立.

$\square$

注意, 上面用到如下定理.

定理 2.15

$$F(n) = \sum_{k=1,3,5,\cdots}^{[N/n]} (-1)^{(k-1)/2} f(kn) \tag{2.108}$$

$$\Longleftrightarrow f(n) = \sum_{\ell=1,3,5,\cdots}^{[N/n]} (-1)^{(\ell-1)/2} \mu(\ell) F(\ell n). \tag{2.109}$$

证明　令 $k = 2i-1, \ell = 2j-1$, 则 $q = k\ell$ 必为奇数, 可表示为 $q = 2s-1$. 另外,

$$\ell \leqslant [N/n] \equiv j \leqslant \frac{[N/n]+1}{2},$$

其中

$$([N/n]+1)/2 = \begin{cases} [N/n]/2+1, & \text{若 } 2 \nmid [N/n], \\ [N/n]/2, & \text{若 } 2 | [N/n]. \end{cases}$$

$$\begin{aligned}
&\sum_{\ell=1,3,5,\cdots}^{[N/n]} (-1)^{(\ell-1)/2} \mu(\ell) F(\ell n) \\
&= \sum_{\ell=1,3,5,\cdots}^{[N/n]} (-1)^{(\ell-1)/2} \mu(\ell) \sum_{\ell=1,3,5,\cdots}^{[N/(n\ell)]} (-1)^{(n\ell-1)/2} \mu(n\ell) \\
&= \sum_{j=1}^{([N/n]+1)/2} (-1)^{j-1} \mu(2j-1) F\big((2j-1)n\big) \\
&= \sum_{j=1}^{([N/n]+1)/2} (-1)^{j-1} \mu(2j-1) \sum_{i=1}^{([N/n\ell]+1)/2} (-1)^{i-1} f(kn\ell).
\end{aligned}$$

□

附录 2.5　Ramanujan 求和与均匀取样 AFT

Ramanujan 求和 $c(s,n)$ 是一个二元数论函数, 其定义为一特殊的三角和, 它也可记作

$$c_s(n) \equiv c(s,n) = \sum_{\substack{h\in[1,n], \\ (h,n)=1}} e^{2\pi i h s/n}, \tag{2.110}$$

其中处于 1 和 n 之间的 h 只取与 n 互素的整数. 可以证明一条定理, 使 $c(s,n)$ 的计算简化.

定理 2.16

$$\sum_{\substack{h\in[1,n],\\(h,n)=1}} \mathrm{e}^{2\pi\mathrm{i}hs/n} = \sum_{\substack{d|s,\\d|n}} \mu\Big(\frac{n}{d}\Big)d. \tag{2.111}$$

这里先做一点简单分析. 若 $n|s$, 则 $s=qn$, 由此即得

$$c_s(n)\equiv c(s,n)=\sum_{\substack{h\in[1,n],\\(h,n)=1}} \mathrm{e}^{2\pi\mathrm{i}hq}=\varphi(n).$$

由于 $c(s,n)$ 与 $\varphi(n)$ 相近, 可以考虑用分析 $\varphi(n)$ 的套路来分析 $c(s,n)$. 注意, 在上述定理右端的求和号下, $d|n$ 和 $d|s$ 两者的组合在 $n|s$ 条件下可合并为 $d|n$. 这说明在特定条件下定理是成立的. 下面来证明这条定理.

证明　2.6 节已提到, 对于任意函数 $F(n)$, 均有

$$\sum_{d|n}\sum_{\substack{h\in[1,d],\\(h,d)=1}} F\Big(\frac{h}{d}\Big)=\sum_{1\leqslant\ell\leqslant n} F\Big(\frac{\ell}{n}\Big),$$

因此,

$$\sum_{d|n} c_s(d)=\sum_{d|n}\sum_{\substack{h\in[1,d],\\(h,d)=1}} \mathrm{e}^{2\pi\mathrm{i}hs/d}$$

$$=\sum_{\ell=1}^{n} \mathrm{e}^{2\pi\mathrm{i}\ell s/n}=\begin{cases} n=\iota_1(n), & \text{若 } n|s,\\ 0, & \text{若 } n\nmid s.\end{cases}$$

现在, 将上式右端看作一个含参数 s 的数论函数, 记作 $g_s(n)$:

$$g_s(n)=\begin{cases} n=\iota_1(n), & \text{若 } n|s,\\ 0, & \text{若 } n\nmid s.\end{cases}$$

由此, 上面结果可写成

$$\sum_{d|n} c_s(d)\iota_0\Big(\frac{n}{d}\Big)=g_s(n)$$

或

$$c_s\otimes\iota_0=g_s.$$

由 Möbius 反演公式即得

$$c_s=\mu\otimes g_s$$

或

$$c_s(n) = \sum_{d|n} \mu\left(\frac{n}{d}\right) g_s(d)$$

$$= \sum_{\substack{d|n \\ d|s}} \mu\left(\frac{n}{d}\right) \cdot d.$$

$\square$

因此, 在 Tufts-Reed 算法中, Fourier 展开系数 $a_n(N)$ 在 $n|N$ 的条件下可表示为

$$a_n(N) = \sum_{m|\frac{N}{n}} \frac{\mu(n)}{mn} \sum_{s=1}^{mn} f\left(\frac{2\pi s}{mn}\right)$$

$$= \sum_{d|\frac{N}{n}} \frac{\mu\left(\frac{N/n}{d}\right)}{\frac{N/n}{d}n} \sum_{s=1}^{\frac{N/n}{d}n} f\left(\frac{2\pi s}{\frac{N/n}{d}n}\right)$$

$$= \frac{1}{N} \sum_{r=1}^{N} \sum_{d|(r,N/n)} d \cdot \mu\left(\frac{N}{nd}\right) f\left(2\pi\frac{r}{N}\right)$$

$$= \frac{1}{N} \sum_{r=1}^{N} C(r, N/n) f\left(2\pi\frac{r}{N}\right).$$

类似地, 在 $n\left|\dfrac{N}{4}\right.$ 的条件下, Fourier 展开系数 $b_n(N)$ 可表示为

$$b_n(N) = (-1)^k \sum_{m|(N/n)} \frac{\mu(m)}{mn} \sum_{s=1}^{mn} f\left(\frac{2\pi s}{mn} + \frac{2\pi}{2^{q+2}}\right)$$

$$= \frac{(-1)^k}{N} \sum_{r=1}^{N} C\left(r, N/n\right) f\left(2\pi\left(\frac{r}{N} + \frac{1}{2^q}\right)\right)$$

$$= \frac{(-1)^k}{N} \sum_{r=1}^{N} C\left(r - \frac{N}{2^{q+2}}, N/n\right) f\left(2\pi\frac{r}{N}\right),$$

其中 k 和 q 满足

$$n = 2^q(2k+1), \quad q, k = 0, 1, 2, 3, \cdots.$$

由上可见, 均匀取样得到的 Fourier 展开系数都是一些 Ramanujan 和, 这部分系数可以并行处理.

例 2.25　$N = 4$ 的情形. 取样为 $f(\pi/2), f(\pi), f(3\pi/2), f(2\pi)$. 这时,

$$\begin{pmatrix} a_1 \\ a_2 \\ a_4 \\ b_1 \end{pmatrix} = \begin{pmatrix} C(1,4) & C(2,4) & C(3,4) & C(4,4) \\ C(1,2) & C(2,2) & C(3,2) & C(4,2) \\ C(1,1) & C(2,1) & C(3,1) & C(4,1) \\ C(0,4) & C(1,4) & C(2,4) & C(3,4) \end{pmatrix} \begin{pmatrix} f\left(\dfrac{1}{4}2\pi\right) \\ f\left(\dfrac{2}{4}2\pi\right) \\ f\left(\dfrac{3}{4}2\pi\right) \\ f\left(\dfrac{4}{4}2\pi\right) \end{pmatrix}$$

$$= \begin{pmatrix} 0 & -2 & 0 & 2 \\ -1 & 1 & -1 & 1 \\ 1 & 1 & 1 & 1 \\ 2 & 0 & -2 & 0 \end{pmatrix} \begin{pmatrix} f\left(\dfrac{1}{4}2\pi\right) \\ f\left(\dfrac{2}{4}2\pi\right) \\ f\left(\dfrac{3}{4}2\pi\right) \\ f\left(\dfrac{4}{4}2\pi\right) \end{pmatrix}.$$

例 2.26 $N = 8$ 的情形. 取样为 $f\left(\dfrac{1}{8}2\pi\right), \cdots, f\left(\dfrac{8}{8}2\pi\right)$. 这时,

$$\begin{pmatrix} a_1 \\ a_2 \\ a_4 \\ a_8 \\ b_1 \\ b_2 \end{pmatrix} = \begin{pmatrix} C(1,8) & C(2,8) & C(3,8) & C(4,8) & C(5,8) & C(6,8) & C(7,8) & C(8,8) \\ C(1,4) & C(2,4) & C(3,4) & C(4,4) & C(5,4) & C(6,4) & C(7,4) & C(8,4) \\ C(1,2) & C(2,2) & C(3,2) & C(4,2) & C(5,2) & C(6,2) & C(7,2) & C(8,2) \\ C(1,1) & C(2,1) & C(3,1) & C(4,1) & C(5,1) & C(6,1) & C(7,1) & C(8,1) \\ C(7,8) & C(0,8) & C(1,8) & C(2,8) & C(3,8) & C(4,8) & C(5,8) & C(6,8) \\ C(0,8) & C(1,8) & C(2,8) & C(3,8) & C(4,8) & C(5,8) & C(6,8) & C(7,8) \end{pmatrix}$$

$$\times \begin{pmatrix} f\left(\dfrac{1}{8}2\pi\right) \\ f\left(\dfrac{2}{8}2\pi\right) \\ f\left(\dfrac{3}{8}2\pi\right) \\ f\left(\dfrac{4}{8}2\pi\right) \\ f\left(\dfrac{5}{8}2\pi\right) \\ f\left(\dfrac{6}{8}2\pi\right) \\ f\left(\dfrac{7}{8}2\pi\right) \\ f\left(\dfrac{8}{8}2\pi\right) \end{pmatrix}$$

$$= \begin{pmatrix} 0 & 0 & 0 & -4 & 0 & 0 & 0 & 4 \\ 0 & -2 & 0 & 2 & 0 & -2 & 0 & 2 \\ -1 & 1 & -1 & 1 & -1 & 1 & -1 & 1 \\ 1 & 1 & 1 & 1 & 1 & 1 & 1 & 1 \\ 0 & 4 & 0 & 0 & 0 & 4 & 0 & 0 \\ 2 & 0 & -2 & 0 & 2 & 0 & -2 & 0 \end{pmatrix} \begin{pmatrix} f\left(\frac{1}{8}2\pi\right) \\ f\left(\frac{2}{8}2\pi\right) \\ f\left(\frac{3}{8}2\pi\right) \\ f\left(\frac{4}{8}2\pi\right) \\ f\left(\frac{5}{8}2\pi\right) \\ f\left(\frac{6}{8}2\pi\right) \\ f\left(\frac{7}{8}2\pi\right) \\ f\left(\frac{8}{8}2\pi\right) \end{pmatrix}.$$

由上可知, 均匀取样适用于部分 Fourier 系数, 其他系数仍需其他算法.

Fourier 变换已有 200 多年历史, 1807 年, 39 岁的法国数学家 Fourier 于法国科学学会上展示了一篇论文 (此时不能算发表, 该论文要到二十一年后才发表), 论文中有个在当时极具争议的论断: "任何连续周期信号可以由一组适当的正弦曲线组合而成". 这篇论文, 引起了法国另外两位著名数学家 Laplace (1749—1827) 和 Lagrange (1736—1823) 的极度关注. 58 岁的 Laplace 赞成 Fourier 的观点. 71 岁的 Lagrange 则反对, 反对的理由是 "正弦曲线无法组合成一个带有棱角的信号". 屈服于 Lagrange 的威望, 该论文直到 Lagrange 去世十五年后才得以发表. 其实, Fourier 和 Lagrange 都是对的. 应该说, 各有各的道理. 正弦波之类的正交展开给科学技术带来了许多好处和方便. 人们又 "想入非非", 要搞双正交展开基. 固体物理中的倒易基矢、信号处理中的小波近似、第一性原理计算中用到的混合展开基等, 似乎都展示出了它的生命力.

第三章　Bose 体系逆问题

因果一颠倒, 病趣知多少?

1900 年, 德国实验物理学家群体已经积累了许多黑体辐射实验数据, Planck (1858—1947, 见图 3.1) 根据 Boltzmann 统计物理和 Maxwell 电磁场理论也对 Wien (1864—1928, 见图 3.2) 的黑体辐射公式进行了论证. 当年 10 月, Rubens 告诉 Planck, 长波长红外波段测试的进展符合 Rayleigh (1841—1912, 见图 3.2) 半年多前预测的公式. 这使 Planck 清醒地认识到 Wien 公式适用于 $h\nu \gg kT$ 的情况, 而 Rayleigh 公式适用于 $h\nu \ll kT$ 的情况, 从而总结出普遍的黑体辐射公式, 开辟了量子物理的新纪元. 由于黑体辐射定律的重要性, 所以对有关实验的分析和改进一直受到广泛的重视.

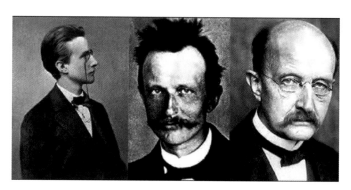

图 3.1　不同时期的 Planck, 1918 年诺贝尔物理学奖得主

图 3.3 中的圆圈代表 1903 年时 Lummer 和 Pringsheim 的实验结果, 深蓝线是 1908 年根据同样的实验数据, 以 Planck 公式为拟合函数算出的结果, 它和实验结果符合良好. 但是, 当时用的 Planck 常数 h、Boltzmann 常数 k 和光速 c, 与今天测算的有所不同 (根据最新的国际单位制的规定, 这三个常数定义成了精确值, 但与之前最新的测算值是一致的). 若将 2008 年 CODATA 公布的常数值 (c, k, h) 代到 Planck 公式中, 计算结果 (红线) 与实验结果的偏差变大, 在长波长部分尤为明显. 图中浅蓝线条是按 Wien 公式的结果. 注意, 当时的实验误差有可能比较大, 保持腔内温度的均匀性也并不容易 [God2021].

图 3.2　研究黑体辐射的先驱 Rayleigh (1904 年诺贝尔物理学奖得主) 和 Wien (1911 年诺贝尔物理学奖得主)

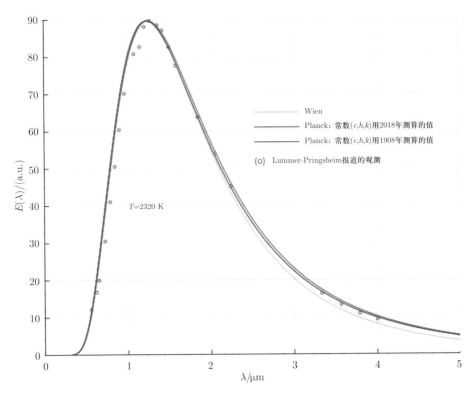

图 3.3　1903 年黑体辐射的实验与 Planck 公式对比

3.1　黑体辐射逆问题

历史总是曲延婉转, 问题必定层出不穷. 真所谓: 横看成岭侧成峰, 远近高低各不同. 不识庐山真面目, 只缘身在此山中.

3.1.1　黑体辐射的正问题与逆问题

Planck 在 1900 年提出了黑体辐射定律. 该问题起源于炼钢技术的需求. 1982 年, 美国国防部一位研究员 Bojarski 则从遥感技术的需求提出了黑体辐射逆问题, 在 IEEE 和一些应用物理杂志引起长达八年的讨论. 若已知一个物体的表面总的温度分布, 由 Planck 黑体辐射定律可知物体总的辐射功率谱 $W(\nu)$ 为

$$W(\nu) - \frac{2h\nu^3}{c^2}\int_0^\infty \frac{a(T)\mathrm{d}T}{\mathrm{e}^{h\nu/kT}-1}, \tag{3.1}$$

其中 ν 是频率, T 是温度, h 是 Planck 常数, k 是 Boltzmann 常数, c 是真空中光速, $a(T)$ 是辐射表面的温度占比函数, 即温度处于间隔 $(T, T+\mathrm{d}T)$ 内的表面积占总表面积的百分比. (3.1) 式代表 Planck 黑体辐射定律. 图 3.3 中, 圆圈是 1903 年黑体辐射实验值, 深蓝线和红线代表用 Planck 公式计算的结果, 但二者所用常数 (k,c,h) 不同. 前者用 1908 年测算的常数值, 后者用 2008 年测算的常数值. 注意, 公式中用频率 ν, 而图中横坐标用波长 λ. 另外, 一般书上所附的黑体辐射图都是纯粹按 Planck 公式算出来的, 这里的图中明显地反映出当时实验数据与理论计算的区别, 以及今日理论计算的结果.

在 Planck 公式 (3.1) 基础上, 可以从已知黑体表面温度分布 $a(T)$ 计算出黑体辐射能流频谱分布. 这基本上是个积分运算问题, 称为黑体辐射正问题. 在遥感技术和天体物理中, 常常碰到辐射表面的温度不均匀, 但又不能直接测量, 而辐射能流的频谱是可测量的, 至少可以测到一大部分. 同样基于 (3.1) 式, 要由已测量或估算到的高温物体 (看作黑体) 的总辐射功率谱 $W(\nu)$ 来确定它的表面不同温度占比率 $a(T)$, 即表面上不同温度区间所占比例. 这是一个积分方程的求解问题, 是上述黑体辐射问题的逆问题. Bojarski 在 1982 年首次提出这个问题, 并用迭代法给出了问题的数值解法 [Boj82].

3.1.2　Bojarski 迭代方法

为方便, 引入新的自变量冷度或倒易温度 u:

$$u = h/kT \Longrightarrow T = h/ku \Longrightarrow \mathrm{d}T = -\frac{h\mathrm{d}u}{ku^2}. \tag{3.2}$$

再引进变量 $A(u)$, 使

$$A(u)\mathrm{d}u = -a(T)\mathrm{d}T, \tag{3.3}$$

则

$$a(T) = -A(u)\frac{\mathrm{d}u}{\mathrm{d}T} = \frac{h}{kT^2}A(u) = \frac{ku^2}{h}A(u). \tag{3.4}$$

由此, 表面黑体辐射定律可改写成

$$\begin{aligned}
W(\nu) &= \frac{2h\nu^3}{c^2}\int_0^\infty \frac{A(u)}{\mathrm{e}^{u\nu}-1}\mathrm{d}u \\
&= \frac{2h\nu^3}{c^2}\int_0^\infty \sum_{n=1}^\infty \mathrm{e}^{-nu\nu}A(u)\mathrm{d}u \\
&= \frac{2h\nu^3}{c^2}\int_0^\infty \mathrm{e}^{-u\nu}\left\{\sum_{n=1}^\infty \frac{A(u/n)}{n}\right\}\mathrm{d}u \\
&= \frac{2h\nu^3}{c^2}\mathcal{L}[f(u); u \to \nu],
\end{aligned} \tag{3.5}$$

其中 $\mathcal{L}$ 表示 Laplace (见图 3.4) 变换, $f(u)$ 代表花括号中的求和式, 即

$$f(u) = \sum_{n=1}^\infty \frac{A(u/n)}{n}.$$

因此,

$$\mathcal{L}[f(u); u \to \nu] = \frac{c^2}{2h\nu^3}W(\nu),$$

而

$$f(u) = \mathcal{L}^{-1}\left[\frac{c^2}{2h\nu^3}W(\nu); \nu \to u\right].$$

为了从 $f(u)$ 得到 $A(u)$, Bojarski 提出了一个迭代方法:

$$A_1(u) = f(u),$$

$$A_{m+1}(u) = f(u) - \sum_{n=2}^\infty \frac{A_m(u/n)}{n}, \tag{3.6}$$

$$A(u) = \lim_{m\to\infty} A_m(u).$$

运用迭代法会遇到数值计算的误差积累问题. 为了改进结果, 在此后的八九年中, 在 IEEE 的 *Anttena and Propagation* 分卷等重要杂志上, 陆续发表了许多论文, 有的改进了迭代法, 有的运用了正则化方法和最大熵方法, 很是热闹. 但是, 不同方法都把主要精力放在数值计算上, 没有进一步做解析, 例如 [Ham83, Kim85, Rag87, Sun87, Bev89].

图 3.4　Laplace

3.1.3　黑体辐射逆问题的 Möbius 反演解

笔者在 1990 年发现, 对 Bojarski 在 (3.5) 式中的推导稍加改变, 就可使问题大为简明:

$$
\begin{aligned}
\frac{W(\nu)}{\nu^3} &= \frac{2h}{c^2} \int_0^\infty \sum_{n=1}^\infty \mathrm{e}^{-nu\nu} A(u) \mathrm{d}u \\
&= \frac{2h}{c^2} \sum_{n=1}^\infty \mathcal{L}[A(u); u \to n\nu].
\end{aligned}
\tag{3.7}
$$

上式左端是 ν 的函数, 右端的求和项就是一个自变量为 $n\nu$ 的函数. 因此, 用 Möbius 级数反演可给出

$$
\frac{2h}{c^2} \mathcal{L}[A(u); u \to \nu] = \sum_{n=1}^\infty \mu(n) \frac{W(n\nu)}{(n\nu)^3}.
$$

再做 Laplace 反演, 即得

$$
A(u) = \frac{c^2}{2h} \sum_{n=1}^\infty \frac{\mu(n)}{n^3} \mathcal{L}^{-1}\left[\frac{W(n\nu)}{\nu^3}; \nu \to u\right].
\tag{3.8}
$$

换言之, 我们得出了关于黑体辐射逆问题解的一个定理.

定理 3.1　已知黑体辐射能流依频率的分布为

$$W(\nu) = \frac{2h\nu^3}{c^2} \int_0^\infty \frac{a(T)\mathrm{d}T}{\mathrm{e}^{h\nu/kT}-1},$$

则辐射体表面不同温度的分布的解析封闭解为

$$a(T) = \frac{c^2}{2kT^2} \sum_{n=1}^\infty \frac{\mu(n)}{n^3} \mathcal{L}^{-1}\Big[\frac{W(n\nu)}{\nu^3}; \nu \to \frac{h}{kT}\Big].$$

法国著名应用力学家 Prager 曾说过, 封闭的解析解优于数值解, 因为数值解往往掩盖了解的基本特征. 下面举两个例子.

例 3.1　单一恒定温度辐射源, $T = T_0$. 相应温度分布为

$$a(T) = \alpha\delta(T - T_0).$$

因此,

$$W(\nu) = \frac{2h\nu^3}{c^2} \cdot \frac{\alpha}{\mathrm{e}^{u_0\nu}-1} = \frac{2h\nu^3\alpha}{c^2} \sum_{n=1}^\infty \mathrm{e}^{-nu_0\nu}.$$

为检验黑体辐射逆问题的解, 可以从已知的 $W(\nu)$ 出发, 倒过来推演:

$$A(u) = \frac{c^2}{2h} \sum_{n=1}^\infty \mu(n)\mathcal{L}^{-1}\Big[\frac{W(\nu)}{\nu^3}; \nu \to u\Big] = \alpha \sum_{n=1}^\infty \mu(n)\mathcal{L}^{-1}[\mathrm{e}^{-nu_0\nu}; \nu \to u].$$

由于

$$\mathcal{L}^{-1}\big[\mathrm{e}^{-nu_0\nu}; \nu \to u\big] = \mathcal{L}^{-1}\Big[\frac{1}{n}\mathrm{e}^{-u_0\nu'}; \nu' \to \frac{u}{n}\Big] = \frac{\delta[(u/n) - u_0]}{n},$$

因此,

$$\begin{aligned}
A(u) &= \alpha \sum_{m=1}^\infty \mu(m) \sum_{n=1}^\infty \frac{\delta[(u/mn) - u_0]}{mn}\\
&= \alpha \sum_{k=1}^\infty \Big\{\sum_{m|k} \mu(m)\Big\} \frac{\delta[(u/k) - u_0]}{k}\\
&= \alpha\delta(u - u_0).
\end{aligned}$$

考虑到 $a(T)\mathrm{d}T = -A(u)\mathrm{d}u$ 和 $\delta(k,x) = \frac{1}{|k|}\delta(x)$ 即得

$$\begin{aligned}
a(T) &= \alpha\frac{h}{kT^2}\delta(u - u_0) = \alpha\frac{h}{kT^2}\delta\Big(\frac{h}{k}\Big[\frac{1}{T} - \frac{1}{T_0}\Big]\Big)\\
&= \frac{\alpha}{T^2}\delta\Big(\frac{T_0 - T}{TT_0}\Big) = \alpha\delta(T - T_0).
\end{aligned}$$

这就是从辐射能流分布重构出的单一温度辐射源. 这是对黑体辐射逆问题解的一个例证.

1990 年, Mather (1946—) 和 Smoot (1945—) (见图 3.5) 运用 COBE (Cosmic Background Explorer) 卫星在太空测到的宇宙背景辐射, 以 Planck 黑体辐射公式进行拟合, 把温度参数调到 2.726 K, 即与实验精确符合 (见图 3.6). 注意, 1900 年前后的关键突破之一是获得了远红外区的测量结果, 波长达到 52 μm. 远红外波段测量精度极为有限. 这次太空测量波长已经达到毫米量级, 属于微波段. 辐射来自所有方向, 测量之精妙绝非百年前所能想象. Mather 和 Smoot 因此获得 2006 年诺贝尔物理学奖 [Mat2006, Smo2006].

图 3.5　Mather 和 Smoot

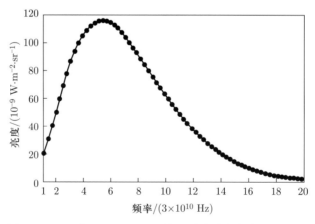

图 3.6　1990 年 COBE 卫星测得的宇宙本底辐射 (2.726K)

例 3.2 矩形分布温度源.

设辐射表面倒易温度 (冷度) 仅在 u_1 和 u_2 之间等值分布, 即有

$$A(u) = \alpha[\theta(u - u_1) - \theta(u - u_2)],$$

其中 θ 表示 Heaviside 的台阶函数. 这时可推出辐射功率谱强度分布为 (见图 3.7)

$$W(\nu) = \frac{2h\nu^3}{c^2}\alpha[\ln(1 - \mathrm{e}^{-u_2\nu}) - \ln(1 - \mathrm{e}^{-u_1\nu})], \quad u_1 < u < u_2.$$

由于

$$\frac{\partial}{\partial\nu}\ln(1 - \mathrm{e}^{-u\nu}) = \frac{u\mathrm{e}^{-u\nu}}{1 - \mathrm{e}^{-u\nu}} = u\sum_{n=1}^{\infty}\mathrm{e}^{-nu\nu},$$

积分又得

$$\ln(1 - \mathrm{e}^{-u\nu}) = u\sum_{n=1}^{\infty}\int_0^{\infty}\mathrm{e}^{-nu\nu}\mathrm{d}\nu.$$

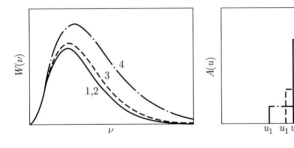

图 3.7 矩形温度分布表面辐射功率, 其中给出了四种温度分布对应的 $W(\nu)$

由此即得

$$\alpha\mathcal{L}^{-1}\left\{\frac{\ln(1 - \mathrm{e}^{-u_2\nu})}{u_2} - \frac{\ln(1 - \mathrm{e}^{-u_1\nu})}{u_1}\right\}$$
$$= \alpha\sum_{n=1}^{\infty}\frac{1}{n}\left\{\theta(u/n - u_1) - \theta(u/n - u_2)\right\},$$

以及

$$A(u) = \alpha\sum_{m,n=1}^{\infty}\mu(m)\frac{1}{mn}\left\{\theta\left(\frac{u}{mn} - u_1\right) - \theta\left(\frac{u}{mn} - u_2\right)\right\}$$
$$= \alpha\sum_{k=1}^{\infty}\frac{\delta_{k,1}}{k}\left\{\theta\left(\frac{u}{k} - u_1\right) - \theta\left(\frac{u}{k} - u_2\right)\right\}$$
$$= \alpha[\theta(u - u_1) - \theta(u - u_2)].$$

黑体辐射逆问题定理发表后不到一年, 天体物理界就开始了许多应用. 例如黑洞外壳辐射问题 [Ros93]、星际尘埃温度分布问题 [Xie91, Li99]、活动星系核中吸积盘的温度分布 [Wan97]、团簇分子云和云核中尘埃发射的偏振 [Bet2007]. 作为对比, 也有介绍正则化和最大熵方法的文章 [Dou92a, Dou92b]. 晚近的文献可参看 Konar 文章 [Kon2021] 所附文献目录.

3.2   晶格比热逆问题

在 20 世纪之前, 根据常温下大量实验总结出一条 Dulong–Petit 定律, 认为固体比热是个常数, $3R = 24.94$ J $\cdot$ K^{-1} $\cdot$ mol^{-1}. 该定律还受到了经典统计力学推出的能量均分定理的支持, 因此被当时的物理界广为接受. 可是, Einstein 在苏黎世大学曾追随名师 Weber, 知道比热随温度变化的实验事实, 它与能量均分定律的矛盾一直藏在青年 Einstein 心中. Planck 量子论的出现动摇了能量均分定理的地位, 使 Einstein 兴奋不已. 为了解开比热之谜, 他在 1907 年仿照黑体辐射定律写出固体比热和固体内部振子频谱的关系 [Ein07]:

$$C_V(T) = k \int_0^\infty \frac{(h\nu/kT)^2 \mathrm{e}^{h\nu/kT}}{(\mathrm{e}^{h\nu/kT} - 1)^2} g(\nu)\mathrm{d}\nu, \tag{3.9}$$

其中 h 是 Planck 常数, k 是 Boltzmann 常数, T 代表绝对温度, $g(\nu)$ 是声子态密度, 可以归一化为

$$\int_0^\infty g(\nu)\mathrm{d}\nu = 3N. \tag{3.10}$$

上面表达的是晶格比热 $C_V(T)$ 和固体原子振动频谱 $g(\nu)$ 之间的关系. 若已知声子能态密度 $g(\nu)$ 去求 $C_V(T)$, 是个简单的积分问题, 是个正问题.

但是, Einstein 在 1907 年提出这个问题时, 对具体的声子态密度 $g(\nu)$ 一无所知. 另一方面, 当时要解决的问题是, 怎么解释实验上存在而当时理论上不承认的事实: 比热随温度的变化. 这个问题所要的答案不必是定量的, 只要定性或半定量就行. 因此, Einstein 巧妙地提出一个最简单的单频模型, 即认为 $g(\nu) = \delta(\nu - \nu_0)$, 说明了高温时比热保持一个常数, 低温时比热随温度迅速下降的现象. Einstein 的工作真是 "一箭三雕": 一则, 方程 (3.9) 的存在本身就极大地巩固了量子论的基础; 二则这一工作大大促进了低温物理的进程; 再则, Einstein 在这个工作中, 至少两次实质上用到了不同寻常的 δ 函数.

这里要介绍的所谓比热逆问题, 就是要根据可测量的比热温度关系 $C_V(T)$ 以及 (3.9) 式来求出内禀的声子态密度. 为了更好地符合低温实验, Debye (图 3.8 是 Einstein 夫妇和 Debye) 在 1912 年提出了仅适用于低温极限的连续介质模型. 1924

年 Bose (1894—1974, 见图 3.9) 从全同粒子的基本假设重新获得了光子、声子的能态密度分布函数. 那以后, Blackman 在 1935 年再次就此进行过计算. 在 1942 年, 由于声子态密度对于研究固体的热力学性质、晶格动力学、电子 – 声子相互作用, 以及光学声子谱的重要性, Montroll 又重新提出这个比热逆问题并给出结果 [Mon42] (参看附录 3.2). 第二次世界大战之后, 苏联的 Lifshitz 等在 1954 年也发表了几乎相同的结果 [Lif54]. 值得注意的是, 这些工作得到的解大多含有复变函数的积分, 其物理阐释比较困难. 另外, 在用这些解对声子态密度 (DOS) 进行具体的近似计算时, 不同的研究者使用了不同的数值方法. 例如, Chambers 是利用高阶温度导数来保证在高温时能够得到迅速收敛的结果 [Cha61], 而 Loram 则是从态密度的高阶矩来求出结果 [Lor86]. 这里利用 Möbius 反演公式来处理这个重要的逆问题, 得到的只含有实数变量的求和表达式, 其形式十分简洁, 应用起来既方便又广泛. 根据这个普遍成立的严格解可以直接导出分别适用于高温和低温的两个一般性公式, 而 Debye 模型和 Einstein 模型则是这两个极端情况下的零级近似.

图 3.8   Einstein 夫妇和 Debye

图 3.9   Bose 与 Einstein

3.3　晶格比热逆问题的 Möbius 反演解

和前面一样, 引入冷度, 比热的积分表达式就可改写为 [Che90,Che98]

$$
\begin{aligned}
C_V\left(\frac{h}{ku}\right) &= k\int_0^\infty \frac{(u\nu)^2 \mathrm{e}^{u\nu}}{(\mathrm{e}^{u\nu}-1)^2} g(\nu)\mathrm{d}\nu \\
&= k\sum_{n=1}^\infty \int_0^\infty n(u\nu)^2 \mathrm{e}^{-nu\nu} g(\nu)\mathrm{d}\nu \\
&= ku^2 \sum_{n=1}^\infty n\int_0^\infty \nu^2 \mathrm{e}^{-nu\nu} g(\nu)\mathrm{d}\nu \\
&= ku \sum_{n=1}^\infty (nu)\mathcal{L}[\nu^2 g(\nu); \nu \to nu].
\end{aligned}
\tag{3.11}
$$

因此,

$$
u\mathcal{L}[\nu^2 g(\nu); \nu \to u] = \frac{1}{k}\sum_{n=1}^\infty \mu(n)\frac{C_V(h/nku)}{nu}.
$$

再做 Laplace 逆变换得到比热逆问题的形式上的封闭解:

$$
g(\nu) = \frac{1}{k\nu^2}\sum_{n=1}^\infty \mu(n)\mathcal{L}^{-1}\left[\frac{C_V(h/nku)}{nu^2}; u \to \nu\right].
\tag{3.12}
$$

对于相应积分方程有如下定理.

定理 3.2 若

$$
C_V(T) = k\int_0^\infty \frac{(h\nu/kT)^2 \mathrm{e}^{h\nu/kT}}{(\mathrm{e}^{h\nu/kT}-1)^2} g(\nu)\mathrm{d}\nu,
$$

则

$$
g(\nu) = \frac{1}{k\nu^2}\sum_{n=1}^\infty \mu(n)\mathcal{L}^{-1}\left[\frac{C_V(h/nku)}{nu^2}; u \to \nu\right].
$$

这个结果可看作比热积分方程 (3.9) 的一个具有封闭形式的精确解. 下面就低温和高温两种情况, 来讨论公式所包含的物理含义.

3.3.1　低温晶格比热逆问题形式上的封闭解

实验表明, 当温度足够低时, 比热可表示为温度 T 的奇数幂级数, 即

$$
C_V(T) = a_3 T^3 + a_5 T^5 + a_7 T^7 + \cdots, \qquad T \to 0,
\tag{3.13}
$$

或

$$C_V(h/ku) = \sum_{n=2}^{\infty} a_{2n-1}(h/ku)^{2n-1}, \qquad u \to \infty.$$

因此,

$$
\begin{aligned}
g(\nu) &= \frac{1}{k\nu^2} \sum_{n=1}^{\infty} \mu(n) \sum_{m=2}^{\infty} a_{2m-1} \left(\frac{h}{nk}\right)^{2m-1} \mathcal{L}^{-1}\left[\frac{u^{-(2m-1)}}{nu^2}; u \to \nu\right] \\
&= \frac{1}{k\nu^2} \sum_{m=2}^{\infty} \left[\sum_{n=1}^{\infty} \frac{\mu(n)}{n^{2m}}\right] a_{2m-1} \left(\frac{h}{k}\right)^{2m-1} \mathcal{L}^{-1}\left[\frac{1}{u^{2m+1}}; u \to \nu\right] \\
&= \frac{1}{k\nu} \sum_{m=2}^{\infty} \frac{a_{2m-1}}{\zeta(2m)} \left(\frac{h\nu}{k}\right)^{2m-1} \frac{1}{(2m)!}.
\end{aligned}
$$

注意到

$$\zeta(2m)^{m+1} = (-1)^{m+1} \frac{(2\pi)^{2m}}{2(2m)!} B_{2m},$$

最后得到

$$g(\nu) = \frac{2}{k\nu} \sum_{m=2}^{\infty} \frac{a_{2m-1}(h/k)^{2m-1}}{(-1)^{m+1}(2\pi)^{2m} B_{2m}} \nu^{2m-1}. \tag{3.14}$$

这个幂级数的解和 Weiss 得到的解 [Wei59] 一样. 若在 (3.14) 式中只取右端第一项, 即有

$$g(\nu) = \frac{2}{k\nu} \frac{(-1)^3 a_3 (h\nu/k)^3}{(2\pi)^4(-1/30)} = \left(\frac{15 a_3 h^3}{4\pi^4 k^4}\right)\nu^2. \tag{3.15}$$

上式说明, 在低温等容比热与温度立方成正比时, 声子态密度与频率的平方成正比, 括号中的比例系数由一个实验参数 a_3 完全确定. 这就是 Debye 近似. 由归一化条件 $\int_0^{\nu_D} g(\nu)\mathrm{d}\nu = 3N$ 即得 Debye 频率为

$$\nu_{\mathrm{D}} = \left[\frac{12N\pi^4 k^4}{5 a_3 h^3}\right]^{1/3}. \tag{3.16}$$

若实验测量精细, 例如比热展开项数增加到三项, 即

$$C_V(T) = a_3 T^3 + a_5 T^5 + a_7 T^7,$$

这时若仍用 Debye 近似观念, 则等于承认一个有效的展开系数 $\widetilde{a}_3$ 为

$$\widetilde{a}_3 = \frac{1}{T} \int_0^T \frac{a_3 t^3 + a_5 t^5 + a_7 t^7}{t^3} \mathrm{d}t = a_3 \left[1 + \frac{a_5}{3 a_3} T^2 + \frac{a_7}{5 a_3} T^4\right].$$

运用归一化条件即得

$$\left[\frac{\nu_{\mathrm{D}}(T)}{\nu_{\mathrm{D}}(0)}\right]^3 = \frac{1}{1 + \dfrac{a_5}{3a_3}T^2 + \dfrac{a_7}{5a_3}T^4},$$

$$\nu_{\mathrm{D}}(T) = \nu_{\mathrm{D}}(0)\left[1 + \frac{a_5}{3a_3}T^2 + \frac{a_7}{5a_3}T^4\right]^{-1/3}$$

$$\approx \nu_{\mathrm{D}}(0)\left\{1 - \frac{1}{9}\frac{a_5}{a_3}T^2 + \frac{1}{9}\left[\frac{2}{9}\left(\frac{a_5}{a_3}\right) - \frac{3}{5}\left(\frac{a_7}{a_3}\right)\right]T^4\right\}. \tag{3.17}$$

这是一个 Debye 频率依赖于温度的表达式. 随着温度升高, Debye 频率因第一项而降低, 因第二项再略微升高. 有关的实验数据如图 3.10 所示. 在工程材料领域, 已经有一些 Debye 温度数值表. 实际上, 随着材料使用时环境温度的不同, Debye 温度这个参数是可以调整的.

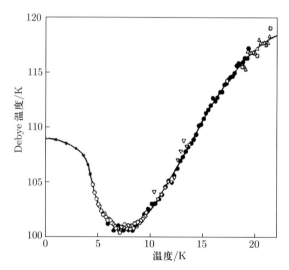

图 3.10　金属 In 的 Debye 温度随温度的变化. (引自 Clement J R. Phys. Rev., 1953, 92: 267)

3.3.2　高温晶格比热逆形式上的封闭解

高温实验得到的经验规律是

$$C_V(T) = a_0 - \frac{a_2}{T^2} + \frac{a_4}{T^4} - \cdots, \qquad T \to \infty \tag{3.18}$$

或

$$\frac{C_V(h/ku)}{u^2} = \frac{1}{u^2}\left[a_0 - \frac{a_2(ku)^2}{h^2} + \frac{a_4(ku)^4}{h^4} - \cdots\right],$$

因此,

$$
\begin{aligned}
g(\nu) &= \frac{1}{k\nu^2} \sum_{n=1}^{\infty} \mu(n) \mathcal{L}^{-1}\left[\frac{C(h/ku)}{nu^2}; u \to \nu\right] \\
&= \frac{1}{k\nu^2} \sum_{n=1}^{\infty} \frac{\mu(n)}{n} \mathcal{L}^{-1}\left[\frac{a_0}{u^2}; u \to \nu\right] \\
&\quad - \frac{1}{k\nu^2} \sum_{n=1}^{\infty} n\mu(n) \mathcal{L}^{-1}\left[\frac{a_2 k^2}{h^2}; u \to \nu\right] \\
&\quad + \frac{1}{k\nu^2} \sum_{n=1}^{\infty} n^3\mu(n) \mathcal{L}^{-1}\left[\frac{a_4 k^4 u^2}{h^4}; u \to \nu\right] \\
&\quad - \frac{1}{k\nu^2} \sum_{n=1}^{\infty} n^5\mu(n) \mathcal{L}^{-1}\left[\frac{a_6 k^6 u^4}{h^6}; u \to \nu\right] \\
&\quad + \cdots,
\end{aligned}
$$

或

$$
g(\nu) = \frac{1}{k\nu^2} \left\{ \sum_{n=1}^{\infty} n^{2m-1}\mu(n) \right\} \sum_{m=0}^{\infty} \mathcal{L}^{-1}\left[\frac{a_{2m} u^{2(m-1)} k^{2m}}{h^{2m}}; u \to \nu\right].
$$

注意, 上式花括号中的求和显然是发散的. 这里把 Riemann 的 ζ 函数定义

$$
\sum_{n=1}^{\infty} \frac{\mu(n)}{n^s} = \frac{1}{\zeta(s)}, \qquad s > 1
$$

推广为 $\widehat{\zeta}(s)$, 则上式对 $s \leqslant 1$ 亦成立, 这和第一章中讨论亚稳相时的情形相同:

$$
\lim_{x \to 1^-} \sum_{n=1}^{\infty} \mu(n) x^n n^s = \frac{1}{\widehat{\zeta}(s)}, \tag{3.19}
$$

和

$$
\lim_{x \to 1^-} \sum_{n=1}^{\infty} x^n n^s = \widehat{\zeta}(s) = \zeta(1-s), \qquad s > 1. \tag{3.20}
$$

因此,

$$
g(\nu) = \frac{1}{k\nu^2} \sum_{m=1}^{\infty} \frac{1}{\zeta(1-2m)} \frac{a_m k^{2m}}{h^{2m}} \mathcal{L}^{-1}\left[u^{2(m-1)}; u \to \nu\right]. \tag{3.21}
$$

注意, $m = 0$ 的项对应 $\zeta(1) = \infty$, 已经忽略掉, 其他各项则涉及

$$
\mathcal{L}^{-1}\left[u^m; u \to \nu\right] = \delta^{(m)}(\nu), \tag{3.22}
$$

$$
\zeta(1-2m) = -B_{2m}/(2m)!. \tag{3.23}
$$

表 3.1 给出了 $m, B_{2m}, \zeta(1-2m)$ 的前 6 个取值. 经过 Poisson-Abel 主值的调控, 可得到高温近似下的声子能态密度形式上的封闭解为

$$g(\nu) = \frac{1}{k\nu^2} \sum_{n=1}^{\infty} \frac{(-1)^n a_{2n}}{\zeta(1-2n)} \left(\frac{k}{h}\right)^{2n} \delta^{(2n-2)}(\nu). \tag{3.24}$$

表 3.1 $m, B_{2m}, \zeta(1-2m)$ **的前 6 个取值**

m	0	1	2	3	4	5
B_{2m}	1	1/6	$-1/30$	1/42	$-1/30$	5/66
$\zeta(1-2m)$	∞	$-1/12$	1/120	$-1/252$	1/240	$-1/132$

例 3.3 单峰近似. 在形式上的封闭解中只取前两项, 即有

$$\begin{aligned}
g(\nu) &= \frac{1}{k\nu^2} \left\{ \frac{a_2}{\zeta(-1)} \left(\frac{k}{h}\right)^2 \delta(\nu) + \frac{a_4}{\zeta(-3)} \left(\frac{k}{h}\right)^4 \delta^{(2)}(\nu) \right\} \\
&= \frac{k}{h^2\nu^2} \frac{a_2}{[-\zeta(-1)]} \left\{ \delta(\nu) + \frac{a_4[-\zeta(-1)]k^2}{a_2\zeta(-3)h^2} \delta^{(2)}(\nu) \right\} \\
&\approx \frac{k}{h^2\nu^2} \frac{a_2}{[-\zeta(-1)]} \delta(\nu - \nu_{\rm E}).
\end{aligned}$$

这里把上面两项看成 δ 函数 Taylor 展开的前两项:

$$\delta(\nu - \nu_{\rm E}) = \delta(\nu) + \frac{\nu_{\rm E}^2}{2} \delta^{(2)}(\nu).$$

考虑到 $\zeta(-1) = -1/12$, 即得 Einstein 公式

$$g(\nu) = \frac{12ka_2}{h^2\nu_{\rm E}^2} \delta(\nu - \nu_{\rm E}). \tag{3.25}$$

其中 Einstein 频率可以直接由 a_2 和 a_4 的实验数据得到:

$$\nu_{\rm E} = \frac{k}{h} \sqrt{\frac{2a_4[-\zeta(-1)]}{a_2\zeta(-3)}} = \frac{k}{h} \sqrt{\frac{20a_4}{a_2}}, \tag{3.26}$$

相应的 Einstein 温度为

$$T_{\rm E} = \sqrt{\frac{20a_4}{a_2}}. \tag{3.27}$$

例 3.4 双峰近似. 假定依赖于温度的声子谱分别在频率 ν_+ 和 ν_- 处有两个峰, 而且均具有 Dirac δ 函数的形状, 我们把这假想成同时存在两列 Tayler 级数, 此时近似有

$$\frac{\nu_1^2 + \nu_2^2}{2!} = -\frac{a_4\zeta(-1)}{a_2\zeta(-3)} \left(\frac{k}{h}\right)^2 \equiv A,$$

$$\frac{\nu_1^4 + \nu_2^4}{4!} = -\frac{a_4\zeta(-1)}{a_2\zeta(-5)}\left(\frac{k}{h}\right)^4 \equiv B,$$

从而有

$$\nu_1^2 + \nu_2^2 = 2A,$$
$$2\nu_1^2\nu_2^2 = 4A - 24B.$$

于是得到

$$\nu_{1,2} = \sqrt{A \mp \sqrt{A^2 - 2A + 12B}}.$$

对声子能态密度含三个以上的多峰情况, 均可用此法处理. 另外, 同低温比热中 Debye 温度随温度变化的情形类似, 高温下的 Einstein 温度也会随温度变化. 例如, 可以将拟合常数 a_4 改写为一个等效系数

$$\widetilde{a}_4 = \frac{1}{u}\int_0^u \left[\frac{a_4(ku/h)^4 - a_6(ku/h)^6 + a_8(ku/h)^8}{(ku/h)^4}\right]\mathrm{d}u$$
$$= a_4\left[1 - \frac{(ku/h)^2 a_6}{3a_4} + \frac{(ku/h)^4}{5a_4}\right].$$

因此,

$$\nu_{\mathrm{E}}(T) = \frac{k}{h}\sqrt{\frac{20\widetilde{a}_4}{a_2}} = \nu_{\mathrm{E}}(\infty)\sqrt{1 - \frac{a_6}{3a_4T^2} + \frac{a_8}{5a_4T^4}}$$
$$\approx \nu_{\mathrm{E}}(\infty)\left[1 - \frac{a_6}{6a_4T^2} - \frac{a_6^2}{72a_4^2T^4} + \frac{a_8}{10a_4T^4}\right]. \tag{3.28}$$

这是 Einstein 频率随温度的变化. 在高温部分使用了 Poisson 主值, 得到了一些与 δ 函数有关的结果, 这反映了实际声子谱光学支多峰的特点. 高频声子能态密度的解从完全不可控的发散走了出来. 尽管 δ 函数让人感到别扭, 但有关积分仍有明确意义.

3.4 解的病态与病趣

本章对比热逆问题

$$C_V(T) = \int_0^\infty \frac{(h\nu/kT)^2 \mathrm{e}^{h\nu/kT}}{(\mathrm{e}^{h\nu/kT} - 1)^2} g(\nu)\mathrm{d}\nu$$

给出了一个简洁的封闭形式解

$$g(\nu) = \frac{1}{k\nu^2} \sum_{n=1}^{\infty} \mu(n) \mathcal{L}^{-1}\left[\frac{C_V(h/nku)}{nu^2}; u \to \nu\right],$$

本章附录 3.2 中还介绍了用 Fourier 变换方法得到的封闭解

$$g(\nu) = \frac{1}{2\pi} \int_{-\infty}^{\infty} \frac{\mathrm{d}u}{\zeta(2+\mathrm{i}u)\Gamma(3+\mathrm{i}u)} \int_0^{\infty} C(\theta)(\nu\theta)^{\mathrm{i}u}\mathrm{d}\theta,$$

但是, 比热逆问题属于第一类 Fredholm 积分方程, 是典型的不适定问题, 或称病态问题. 事实上, 在 1901 年前后, 法国数学家 Hadamard (1865—1963) 就明确提出, 一个数学上的适定问题或良态问题的解必须同时满足存在、唯一和稳定这三个条件, 否则, 就称为不适定问题或病态问题. 当时的他还认为, 如果一个物理问题在数学上表达为病态问题, 它一定是没有意义的. 即使如此, 物理学家并没有放弃对这种不适定问题的研究. 可以认为, 逆问题是一种特殊的不适定问题 (病态问题), 它具备人们比较熟悉的 "正问题" 作为依托.

为了说明比热逆问题的病态, 这里对相应积分方程做些 "回头看" 的工作. 首先, 把方程改写成

$$C_V(T) = \int_a^b K(T,\nu)g(\nu)\mathrm{d}\nu, \tag{3.29}$$

其中积分核为

$$K(T,\nu) = k\frac{(h\nu/kT)^2\mathrm{e}^{h\nu/kT}}{(\mathrm{e}^{h\nu/kT}-1)^2}. \tag{3.30}$$

Einstein 曾考虑所有原子振动集中在一个频率的近似, 目的是要说明比热随温度变化的实验事实. 他的做法在数学上就相当于用 $\delta(\nu-\nu_0)$ 作为试探的声子态密度, 突显出了黑体辐射定律中积分核的作用. 从图 3.11 可知, 在 $kT \gg h\nu$ 的条件

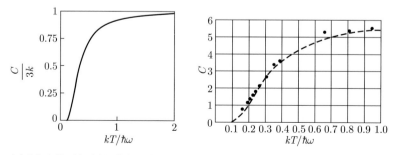

图 3.11　左图为比热逆问题积分方程中的积分核 (每原子比热); 右图为 Einstein 原著中金刚石每摩尔比热, 纵坐标以 cal/kmol 为单位, $3R \sim 5.96$, $T_E \sim 1320$ K

下, 等容比热在高温时几乎等于常数. 高温意味着物体内部原子振动的高频成分占主导地位, 这时 $g(\nu)$ 的高频部分随 ν 的变化影响不了高温比热. 换言之, 从比热曲线高温段去反推 $g(\nu)$ 的高频段是不可能的, 所以解的高频部分是不稳定的. 本章中高频声子能态密度中出现的 δ 函数及其微商只是这种部位定性的一种表达而已. 这种不稳定现象在低频声子态密度中并不存在, 要符合低温下比热按 T^3 变化的实验规律, $g(\nu)$ 的低频部分基本上只能遵从 ν^2 的规律.

回 头 看

黑体辐射逆问题和比热逆问题都对应着第一类 Fredholm 积分方程, 在数学上都具有不适定性, 物理上则要进一步分析有关解在定义域的哪部分上稳定, 哪部分上不稳定.

对比热逆问题而言, 1907 年前后的物理学家对比热逆问题不适定性做了一定的分析, 就预期到低温条件下会出现丰富的稳定的量子现象, 从而引起低温物理研究的蓬勃发展, 很快导致了超导现象的发现, 大大推动了量子物理的发展.

但是, 有人对比热逆问题导出声子能态密度的高频部分仍然抱有过高的期望, 期望能和中子非弹性散射实验所得结果可比较. 其实, 这种期望是不恰当的. 事实上, 由中子衍射谱推导声子能态密度是个简单叠加过程, 基本上是正问题; 而由晶格比热温度谱推导声子能态密度具有明显的不适定性, 是典型的逆问题. 对高温问题, 即使数据充分, 前者很容易解, 而后者也几乎不可能解. 可是, 前者所要求的实验条件比较高, 费用大; 后者要求的实验条件低一些, 费用也低, 尤其是只对低温下的低频声子能态密度感兴趣者. 严格些讲, 声子能态密度不但是频率的函数, 也是温度的函数.

黑体辐射逆问题, 从积分方程的角度看, 是个不适定问题. 例如对天体温度分布而言, 低温部分的结果相当稳定, 高温部分不确定性依然存在 (见图 3.12). 但是, 具体问题要具体分析, 例如, COBE 对宇宙背景温度的推断并不需要从积分方程的角度下手. 按照大爆炸理论, 宇宙背景已达到热平衡, 温度是一个恒定常数, 温度分布是一个 δ 函数, 积分号自动消失, 第一类 Fredholm 积分方程的帽子就被摘掉了. 这时对观测到的辐射功率谱数据, 可选 Planck 公式作为拟合函数, 把温度作为调节参数. 人们很快就确定 $T = 2.726$ K, 误差是万分之一的量级.

另外, Bose 分布的形式也可能存在小的变动. 例如

$$\frac{1}{\mathrm{e}^{y-x}-1} \longrightarrow \frac{1}{\mathrm{e}^{y-x}-\alpha}, \quad \alpha \in (0,1],$$

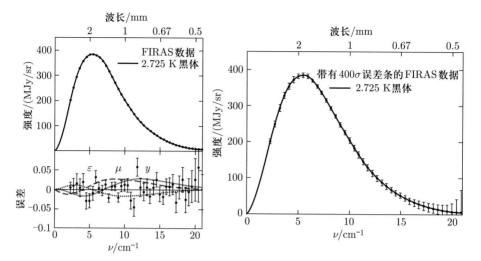

图 3.12　COBE 测量结果. 左图下半部是误差分布, 它在左图上半部中被数据圆圈掩盖, 右图将方均误差增大 400 倍, 随频率明显增加

$$\widehat{P}(\nu) = \int_0^\infty \frac{Q(T)}{\mathrm{e}^{h\nu/kT} - \alpha}\,\mathrm{d}T = \int_0^\infty \frac{\widehat{Q}(u)}{\alpha[\mathrm{e}^{u\nu - \ln\alpha}]}\,\mathrm{d}u$$

$$= \int_0^\infty \frac{\widehat{Q}(u)\mathrm{e}^{-u\nu}}{1 - \mathrm{e}^{-u\nu + \ln\alpha}}\,\mathrm{d}u = \sum_{n=1}^\infty \alpha^{n-1} \int_0^\infty \widehat{Q}(u)\mathrm{e}^{-nu\nu}\,\mathrm{d}u$$

$$= \sum_{n=1}^\infty \alpha^{n-1} \mathcal{L}\big[\widehat{Q}(u); u \to n\nu\big].$$

因此,

$$\mathcal{L}\big[\widehat{Q}(u); u \to \nu\big] \xrightarrow{\sum\limits_{n|k} a^{-1}(k/n)\alpha^{n-1} = \delta_{k,1}} \sum_{n=1}^\infty a^{-1}(n)\widehat{P}(n\nu)$$

或

$$\widehat{Q}(u) = \sum_{n=1}^\infty a^{-1}(n)\mathcal{L}^{-1}\big[\widehat{P}(n\nu); \nu \to u\big].$$

第三、四两章的对象都可归结为卷积型积分方程, 做法与各种传统方法 [Sri92] 略有不同. 尤其是解中保留不适定的 Laplace 逆变换, 病趣无穷.

附录 3.1　黎曼 ζ 函数的主值

Einstein 说过: "只要让数学定律涉足现实世界, 它就会不那么确定; 而当它们确定时, 就不能 (完全) 反映现实." (As far as the laws of mathematics refer to reality, they are not certain, and as far as they are certain, they do not refer to reality.) 下面就是一件这种似是而非的事情.

众所周知, 在实数域中, 黎曼 ζ 函数与 Möbius 函数只在 $s > 1$ 时, 才有下述关系:

$$\frac{1}{\zeta(s)} = \sum_{n=1}^{\infty} \frac{\mu(n)}{n^s}.$$

在 $s \leqslant 1$ 时, 上述级数常常是不收敛的. 但是, 为了物理上的需要, 可以试探一下有没有新的可能.

引入新的函数 $\widehat{\zeta}(s)$ 和 $1/\widehat{\zeta}(s)$:

$$\widehat{\zeta}(s) = \lim_{x \to 1^-} \sum_{n=1}^{\infty} \frac{x^n}{n^s}, \tag{3.31}$$

$$\frac{1}{\widehat{\zeta}(s)} = \lim_{x \to 1^-} \sum_{n=1}^{\infty} \mu(n) \frac{x^n}{n^s}. \tag{3.32}$$

这两个函数的级数展开都不存在收敛性问题. 对于 $s > 1$ 的情形, 它们可以分别等于 $\zeta(s)$ 和 $1/\zeta(s)$.

现在要考虑 $s \leqslant 1$ 的情形, 特别是 s 等于负整数的情形. 这时要用到 Poisson-Abel 主值的概念, 在一定条件下试探用 $\widehat{\zeta}(s)$ 替代 $\zeta(s)$ 能否在物理上有额外的收获.

在 $s < 0$ 的条件下, $\widehat{\zeta}(s)$ 和 $\dfrac{1}{\widehat{\zeta}(s)}$ 可分别写成

$$\widehat{\zeta}(s) = \lim_{x \to 1^-} \sum_{n=1}^{\infty} x^n n^{|s|},$$

$$\frac{1}{\widehat{\zeta}(s)} = \lim_{x \to 1^-} \sum_{n=1}^{\infty} \mu(n) x^n n^{|s|}.$$

首先检验两个函数在这时能否保持倒易关系:

$$\hat{\zeta}(s) \cdot \frac{1}{\widehat{\zeta}(s)} = \lim_{x \to 1^-} \sum_{n=1}^{\infty} x^n n^{|s|} \sum_{m=1}^{\infty} \mu(m) x^m m^{|s|}$$

$$= \lim_{x \to 1^-} \left[\sum_{m,n=1}^{\infty} \mu(n)(mn)^{|s|} x^{m+n} \right]$$

$$= \sum_{k=1}^{\infty} \Big[\lim_{x \to 1^-} \sum_{n|k} \mu(n) x^{n+k/n} \Big] k^{|s|}$$

$$= \sum_{k=1}^{\infty} \Big[\sum_{n|k} \mu(n) \Big] k^{|s|} = 1,$$

倒易关系继续有效. 下面进一步考虑 $s = -m$ 的情形 $(m = 1, 2, 3, \cdots)$:

$$\widehat{\zeta}(s) = \lim_{x \to 1^-} \sum_{n=1}^{\infty} n^m x^n = \lim_{x \to 1^-} \sum_{n=0}^{\infty} (n+1)^m x^{n+1}$$

$$= -\frac{m!}{2\pi i} \int_{\infty}^{0^+} (-x)^{m+1} \frac{e^{-x}}{1 - e^{-x}} dx$$

$$= (-m!) \Big[(-1)^{m+1} \frac{B_{m+1}}{(m+1)!} \Big] = \frac{(-1)^m B_{m+1}}{m+1}$$

$$= \begin{cases} 0, & \text{若 } m = 2k > 0, \\ -B_{2k}/2k = \zeta(1-2k), & \text{若 } m = 2k - 1. \end{cases}$$

由此可以得到两个关于 $\widehat{\zeta}(s)$ 的定理.

定理 3.3 (广义 Riemann ζ 函数 $\widehat{\zeta}$(s) 定理一)

$$\widehat{\zeta}(s) = \lim_{x \to 1^-} \sum_{n=1}^{\infty} \frac{1}{n^s} = \begin{cases} \zeta(s), & \text{若 } s > 1, \\ 0, & \text{若 } -s = m = 2k > 0, \\ \zeta(1-2k), & \text{若 } -s = m = 2k - 1 > 0. \end{cases}$$

定理 3.4 (广义 Riemann ζ 函数 $\widehat{\zeta}$(s) 定理二)

$$\frac{1}{\widehat{\zeta}(s)} = \lim_{x \to 1^-} \sum_{n=1}^{\infty} \frac{\mu(n)}{n^{2k-1}} = \begin{cases} \dfrac{1}{\zeta(s)}, & \text{若 } s > 1, \\ \dfrac{1}{\zeta(1-2k)}, & \text{若 } -s = m = 2k - 1 > 0. \end{cases}$$

证明 对任意的 s, 如图 3.13 所示, 取 $\Gamma(s)$ 的回路积分表示 [Apo76]

$$\frac{1}{\Gamma(z)} = \frac{-1}{2\pi i} \int_{\infty}^{0^+} e^{-t} (-t)^{-z} dt.$$

积分路径从正无穷远处出发, 沿实轴从右向左, 近原点时按逆时针方向绕原点一周, 再沿实轴到无穷远处. 考虑 $z = m + 1$ 的情形, 其中 m 是一正整数. 引进变量 t,

$$t = (n+1)x,$$

即得

$$1 = \frac{-\Gamma(z)}{2\pi i} \int_{\infty}^{0^+} e^{-t}(-t)^{-z} dt$$

$$= \frac{-\Gamma(m+1)}{2\pi i} \int_{\infty}^{0^+} e^{-(n+1)x} [-(n+1)x]^{-(m+1)}(n+1) dx$$

$$= \frac{-m!}{2\pi i} \int_{\infty}^{0^+} e^{-(n+1)x}(n+1)^{-m}(-x)^{-(m+1)} dx.$$

这导致

$$(n+1)^m = \frac{-m!}{2\pi i} \int_{\infty}^{0^+} e^{-(n+1)x}(-x)^{-(m+1)} dx.$$

求和即有

$$\lim_{y \to 1^-} \sum_{n=0}^{\infty} (n+1)^m y^{n+1}$$

$$= \frac{-m!}{2\pi i} \int_{\infty}^{0^+} (-x)^{-(m+1)} \sum_{n=0}^{\infty} e^{-(n+1)x} dx$$

$$= \frac{-m!}{2\pi i} \int_{\infty}^{0^+} (-x)^{-(m+1)} \frac{e^{-x}}{1 - e^{-x}} dx.$$

右边的积分在 $x = 0$ 处有一个 $(m+2)$ 阶极点. 因此, 上述回路积分 (见图 3.13) I 可表示为

$$I = \frac{1}{2\pi i} \int_{\infty}^{0^+} (-x)^{-(m+1)} \frac{e^{-x}}{1 - e^{-x}} dx$$

$$= \mathrm{Re}\, s \left[(-x)^{-(m+1)} \frac{e^{-x}}{1 - e^{-x}} \right] \Big|_{x=0}$$

$$= \frac{(-1)^{m+1}}{(m+1)!} \frac{\partial^{m+1}}{\partial x^{m+1}} \left[\frac{x}{e^x - 1} \right] \Big|_{x=0}.$$

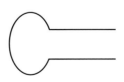

图 3.13　回路积分

已知 Bernoulli 数 B_n 的母函数可表示为

$$\frac{t}{e^t - 1} = \sum_{n=0}^{\infty} \frac{t^n}{n!} B_n,$$

即得

$$I = \frac{(-1)^{m+1}}{(m+1)!}\left[\frac{\partial^{m+1}}{\partial x^{m+1}}\sum_{n=0}^{\infty}\frac{t^n}{n!}B_n\right]\Big|_{x=0} = (-1)^{m+1}\left[\frac{B_{m+1}}{(m+1)!}\right].$$

因此,

$$\lim_{x\to 1^-}\sum_{n=1}^{\infty}n^m x^n = \frac{(-1)^m B_{m+1}}{m+1}.$$

由于 $B_{2k+1} = 0$, 所以

$$\lim_{x\to 1^-}\sum_{n=1}^{\infty}n^m x^n = \frac{(-1)^m B_{m+1}}{m+1}$$

$$= \begin{cases} 0, & \text{若 } m = 2k, \\ \dfrac{-B_{2k}}{2k} = \zeta(1-2k), & \text{若 } m = 2k-1. \end{cases}$$

附录 3.2　Montroll 的 Fourier 变换方法

1942 年, 美国的 Montroll 和后来苏联的 Lifshitz [Mon42, Lif54] 引入倒易温度 $\theta = h/kT$, 也就是冷度, 并记 $C = C_V(T)/k$, 即有

$$C(\theta) = \int_0^{\infty}\frac{(\theta\nu)^2 \mathrm{e}^{\theta\nu}}{(\mathrm{e}^{\theta\nu}-1)^2}g(\nu)\mathrm{d}\nu. \tag{3.33}$$

记积分核为

$$K(\theta\nu) = \frac{(\theta\nu)^2 \mathrm{e}^{\theta\nu}}{(\mathrm{e}^{\theta\nu}-1)^2}, \tag{3.34}$$

这时的积分方程可简写成

$$C(\theta) = \int_0^{\infty}K(\theta\nu)g(\nu)\mathrm{d}\nu. \tag{3.35}$$

现在来求解这个方程, 其中函数 $C(\theta)$ 和 $K(\theta\nu)$ 为已知. 为了变成卷积方程, 做变量替换

$$\theta = \mathrm{e}^{-\eta} \text{ 和 } \nu = \mathrm{e}^{\alpha}, \tag{3.36}$$

于是

$$\mathrm{e}^{-\eta}C(\mathrm{e}^{-\eta}) = \int_{-\infty}^{\infty}g(\mathrm{e}^{\alpha})K(\mathrm{e}^{\alpha-\eta})\mathrm{e}^{\alpha-\eta}\mathrm{d}\alpha. \tag{3.37}$$

两端乘以 $\mathrm{e}^{-\mathrm{i}u\eta}\mathrm{d}\eta/\sqrt{2\pi}$ 再积分, 即有

$$
\begin{aligned}
\Delta(u) &= \frac{1}{\sqrt{2\pi}} \int_{-\infty}^{\infty} \mathrm{e}^{-\eta} C(\mathrm{e}^{-\eta}) \mathrm{e}^{-\mathrm{i}u\eta} \mathrm{d}\eta \\
&= \frac{1}{\sqrt{2\pi}} \int_{-\infty}^{\infty} g(\mathrm{e}^{\alpha}) \mathrm{e}^{-\mathrm{i}u\alpha} \mathrm{d}\alpha \int_{-\infty}^{\infty} \mathrm{e}^{\alpha-\eta} \mathrm{e}^{-\mathrm{i}u(\eta-\alpha)} K(\mathrm{e}^{\alpha-\eta}) \mathrm{d}\eta \\
&= \frac{1}{\sqrt{2\pi}} \int_{-\infty}^{\infty} g(\mathrm{e}^{\alpha}) \mathrm{e}^{-\mathrm{i}u\alpha} \mathrm{d}\alpha \int_{-\infty}^{\infty} \mathrm{e}^{-\beta} \mathrm{e}^{-\mathrm{i}u\beta} K(\mathrm{e}^{-\beta}) \mathrm{d}\beta,
\end{aligned}
$$

其中 $\beta = \eta - \alpha$.

令

$$
I(u) = \int_{-\infty}^{\infty} \mathrm{e}^{-\beta(\mathrm{i}u+1)} K(\mathrm{e}^{-\beta}) \mathrm{d}\beta \xrightarrow{x=\mathrm{e}^{-\beta}} \int_{0}^{\infty} x^{\mathrm{i}u} K(x) \mathrm{d}x,
$$

因此,

$$
\Delta(u) = \frac{I(u)}{\sqrt{2\pi}} \int_{-\infty}^{\infty} g(\mathrm{e}^{\alpha}) \mathrm{e}^{-\alpha u} \mathrm{d}\alpha.
$$

再做 Fourier 逆变换即得

$$
g(\mathrm{e}^{\alpha}) = \frac{1}{2\pi} \int_{-\infty}^{\infty} \frac{\mathrm{e}^{\mathrm{i}u\alpha}}{I(u)} \int_{-\infty}^{\infty} C(\mathrm{e}^{-\eta}) \mathrm{e}^{-\eta(1+\mathrm{i}u)} \mathrm{d}\eta \mathrm{d}u,
$$

或

$$
g(\mathrm{e}^{\alpha}) = \frac{1}{2\pi} \int_{-\infty}^{\infty} \frac{\mathrm{d}u}{I(u)} \int_{0}^{\infty} C(\theta)(\theta\nu)^2 \mathrm{d}\theta,
$$

其中

$$
\begin{aligned}
I(u) &= \sum_{n=1}^{\infty} \frac{1}{n^{2+\mathrm{i}u}} \int_{0}^{\infty} (nx)^{2+\mathrm{i}u} \mathrm{e}^{-nx} \mathrm{d}(nx) \\
&= \sum_{n=1}^{\infty} \frac{1}{n^{2+\mathrm{i}u}} \int_{0}^{\infty} y^{2+\mathrm{i}u} \mathrm{e}^{-y} \mathrm{d}y = \zeta(2+\mathrm{i}u)\Gamma(3+\mathrm{i}u).
\end{aligned}
$$

最后, Montroll 得到

$$
g(\nu) = \frac{1}{2\pi} \int_{-\infty}^{\infty} \frac{\mathrm{d}u}{\zeta(2+\mathrm{i}u)\Gamma(3+\mathrm{i}u)} \int_{0}^{\infty} C(\theta)(\nu\theta)^{\mathrm{i}u} \mathrm{d}\theta. \tag{3.38}
$$

这个形式解表明, 对比热数据进行二重积分便可以得到声子的态密度或者振动模频谱. 不过, 这个公式中包含有复变函数, 实际进行计算和分析都十分复杂, 或难以应用.

第四章 Fermi 体系逆问题

朝辞 Bose 白云, 暮谒 Fermi 彩霞

第三章说明了 Möbius 方法对 Bose 体系逆问题的应用, 本章介绍它对 Fermi 体系逆问题的应用. 图 4.1 是 Fermi (1901—1954) 的照片和他的一句名言, 译成中文是: "在我来到这之前我对这个主题很困惑. 听了您的讲座后, 我依然困惑, 不过是在更高的水平上."

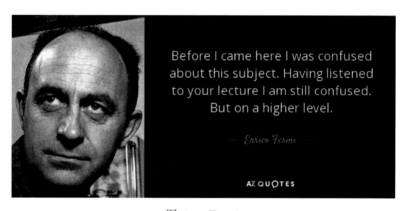

图 4.1　Fermi

4.1　第二类数论函数

前面介绍的数论函数定义域是正整数. 现在要介绍的数论函数定义域是非负整数. 为了方便, 我们称前者为第一类, 后者为第二类. 第二类数论函数之间的运算是 Dirichlet 加性卷积. 相应的 Möbius 反演都与加性可逆函数相伴.

定义 4.1　自变量为非负整数的函数称为第二类数论函数, 记作

$$f(n) : \mathbb{N}_0 \to \mathbb{C}, \tag{4.1}$$

其中 $\mathbb{N}_0$ 代表非负整数集, $\mathbb{C}$ 代表复数域.

第二类数论函数的定义域为非负整数, 函数值取自复数域.

例 4.1 Kronecker 函数

$$\delta_0(n) = \delta_{n,0} = \begin{cases} 1, & \text{若 } n = 0, \\ 0, & \text{若 } n > 0. \end{cases} \tag{4.2}$$

例 4.2 恒幺函数

$$\epsilon_0(n) \equiv 1. \tag{4.3}$$

例 4.3 加性 Möbius 函数

$$\mu_\oplus(n) = \begin{cases} 1, & \text{若 } n = 0, \\ -1, & \text{若 } n = 1, \\ 0, & \text{若 } n > 1. \end{cases} \tag{4.4}$$

4.2 Dirichlet 加性卷积和可逆函数

现在要定义第二类数论函数集. 记全体第二类数论函数的集合为 $\mathfrak{A}_2$, 即其中每个数论函数都是集合 $\mathfrak{A}_2$ 的元素. 那么, 这个集合中各元素之间的基本运算是怎样的呢?

定义 4.2 设 $f, g \in \mathfrak{A}_2$, 则定义 $h = f \oplus g$ 为 f 和 g 的 Dirichlet 加性卷积, 其中 h 在 $n \in \mathbb{N}_0$ 处的取值为

$$h(n) = (f \oplus g)(n) = \sum_{0 \leqslant d \leqslant n} f(d)g(n-d). \tag{4.5}$$

定义 4.3 以 Dirichlet 加性卷积为基本运算的全体第二类数论函数 $\{\mathfrak{A}_2, \oplus\}$ 称为第二类数论函数集.

与前面的 $\{\mathfrak{A}, \otimes\}$ 构成半群相似, $\{\mathfrak{A}_2, \oplus\}$ 也构成一个半群. 为进一步揭示集合 $\mathfrak{A}_2$ 的代数结构, 先要定义和 Dirichlet 加性卷积对应的单位函数.

定义 4.4 若有一函数 $\Delta_2 \in \mathfrak{A}_2$, 它和 $\mathfrak{A}_2$ 中任意函数 f 的 Dirichlet 加性卷积均满足

$$(\Delta_2 \oplus f)(n) = (f \oplus \Delta_2)(n) = f(n), \tag{4.6}$$

则称 Δ_2 为 $\mathfrak{A}_2$ 中的单位函数, 或第二类单位函数. 可以证明,

$$\Delta_2(n) = \delta_{n,0} = \begin{cases} 1, & \text{若 } n = 0, \\ 0, & \text{若 } n \neq 0. \end{cases} \tag{4.7}$$

定义 4.5　设对函数 $f \in \mathfrak{A}_2$, 存在函数 $g \in \mathfrak{A}_2$, 使得

$$f \oplus g = \Delta_2, \tag{4.8}$$

则称 f 和 g 互为逆函数, 记作 $g = f^{-1}$ 和 $f = g^{-1}$.

容易证明, 函数 f 可逆的充分条件是 $f(0) \neq 0$.

例 4.4　第二类恒幺函数 $\epsilon(n) \equiv 1$ 与加性 Möbius 函数 $\mu_{\oplus}(n)$ 互逆.

定理 4.1　若两个函数 $g(n)$ 和 $f(n)$ 满足

$$g(n) = \sum_{d=0}^{n} f(d), \tag{4.9}$$

则

$$f(n) = \sum_{d=0}^{n} \mu_{\oplus}(d) g(n-d) = g(n) - g(n-1), \tag{4.10}$$

反之亦然.

定理 4.1 还可推广为如下定理.

定理 4.2　两个函数 $g(n)$ 和 $f(n)$ 之间存在关系

$$g(n) = \sum_{d=0}^{n} r(d) f(n-d) \Longleftrightarrow f(n) = \sum_{d=0}^{n} r_{\oplus}^{-1}(d) g(n-d). \tag{4.11}$$

这也可简写成

$$g = r \oplus f \Longleftrightarrow f = r_{\oplus}^{-1} \oplus g. \tag{4.12}$$

下面举两个第二类混合函数或混合算子 $P(n, x)$ 的例子.

例 4.5

$$P(n, x) = \sqrt{x^2 + n} \Longrightarrow$$
$$P\big(m, P(n, x)\big) = P\big(m, \sqrt{x^2 + n}\big)$$
$$= \sqrt{x^2 + n + m} = P(m + n, x).$$

例 4.6

$$P(n, x) = \frac{\partial^n}{\partial x^n} \Longrightarrow$$
$$P\big(m, P(n, x)\big) = P\big(m, \frac{\partial^n}{\partial x^n}\big)$$
$$= \frac{\partial^{m+n}}{\partial x^{m+n}} = P(m + n, x).$$

4.3 第二类 Möbius 级数反演和 Fourier 退卷积

定理 4.3

$$G(x) = \sum_{n=0}^{\infty} r(n) F^{(n)}(x) \Longleftrightarrow F(x) = \sum_{n=0}^{\infty} r_{\oplus}^{-1}(n) G^{(n)}(x), \tag{4.13}$$

其中 $r(0) \neq 0$, $r_{\oplus}^{-1}(n)$ 满足

$$\sum_{m+n=k} r_{\oplus}^{-1}(n) r(m) = \delta_{k,0}. \tag{4.14}$$

读者可证明, $r_{\oplus}^{-1}(n)$ 和 $r(n)$ 之间还有一个关系, 即如下定理.

定理 4.4

$$\sum_{n=0}^{\infty} r(n) x^n = \Big[\sum_{m=0}^{\infty} r^{-1}(m) x^m \Big]^{-1}. \tag{4.15}$$

例 4.7 Fourier 退卷积新解.

设函数 $Q(x)$ 和 $\Phi(x)$ 的 Fourier 卷积可表为

$$P(x) = \int_{-\infty}^{\infty} Q(y) \Phi(y-x) \mathrm{d}y. \tag{4.16}$$

科学技术中常有从已知的 $P(x)$ 和 $\Phi(x)$ 求解 $Q(x)$ 的问题.

在 x 附近对 $Q(y)$ 做 Taylor 展开, 即得

$$P(x) = \int_{-\infty}^{\infty} \sum_{n=0}^{\infty} Q^{(n)}(x) \frac{(y-x)^n}{n!} \Phi(y-x) \mathrm{d}(y-x)$$

$$\xrightarrow{t=y-x} \sum_{n=0}^{\infty} a(n) Q^{(n)}(x), \tag{4.17}$$

其中 $a(n)$ 为 $\Phi(t)$ 的 n 次矩:

$$a(n) = \frac{1}{n!} \int_{-\infty}^{\infty} t^n \Phi(t) \mathrm{d}t. \tag{4.18}$$

运用上述反演定理, 即得

$$Q(x) = \sum_{n=0}^{\infty} a_{\oplus}^{-1}(n) P^{(n)}(x), \tag{4.19}$$

其中 $a_{\oplus}^{-1}(n)$ 是 $a(n)$ 的 Dirichlet 逆. 注意, $\Phi(t)$ 的 n 次矩的收敛性要求 $\Phi(t)$ 在 $t \to \pm\infty$ 时快速衰减, 即

$$\Phi(t) \xrightarrow{t \to \pm\infty} o(\mathrm{e}^{-|t|}). \tag{4.20}$$

例如, $\Phi(t) \sim \mathrm{e}^{-|t|}$ 就符合这个要求.

4.4　Fermi 体系逆问题

Fermi 体系逆问题就是积分核呈 Fermi 分布的积分方程, 例如, 晶体中单位体积中总电子数 $P(x)$ 和电子能态密度 $Q(y)$ 之间存在如下关系 [Xie95a, Xie95b]:

$$P(x) = \int_{-\infty}^{\infty} \frac{Q(y)}{1 + \mathrm{e}^{y-x}} \mathrm{d}y. \tag{4.21}$$

把 $Q(y)$ 在 x 处的 Taylor 展开代入上式, 即得

$$P(x) = \sum_{n=0}^{\infty} a(n) Q^{(n)}(x), \tag{4.22}$$

其中

$$a(n) = \frac{1}{n!} \int_{-\infty}^{\infty} \frac{t^n}{1 + \mathrm{e}^t} \mathrm{d}t. \tag{4.23}$$

由于既不是偶函数又不是奇函数, 上述积分难以分析和计算. 上式两端分别对 x 做微商, 即有

$$\tilde{P}(x) = \frac{\mathrm{d}P(x)}{\mathrm{d}x} = \int_{-\infty}^{\infty} \frac{\mathrm{e}^{y-x} Q(y)}{(1 + \mathrm{e}^{y-x})^2} \mathrm{d}y. \tag{4.24}$$

今记

$$\tilde{P}(x) = \sum_{n=0}^{\infty} a_\oplus(n) Q^{(n)}(x), \tag{4.25}$$

其中 $a_\oplus(n)$ 满足

$$a_\oplus(n) = \frac{1}{n!} \int_{-\infty}^{\infty} \frac{t^n \mathrm{e}^t}{(1 + \mathrm{e}^t)^2} \mathrm{d}t. \tag{4.26}$$

容易检验, $t^{2m}\mathrm{e}^t/(1+\mathrm{e}^t)^2$ 是偶函数, 而 $t^{2m-1}\mathrm{e}^t/(1+\mathrm{e}^t)^2$ 是奇函数. 因此有

$$a_\oplus(2m-1) = 0. \tag{4.27}$$

宗量为偶数时则有

$$
\begin{aligned}
a_\oplus(2m) &= \frac{2}{(2m)!} \int_0^\infty t^{2m} \left\{ \sum_{k=1}^\infty (-1)^{k+1} k \mathrm{e}^{-kt} \right\} \mathrm{d}t \\
&= 2 \sum_{k=1}^\infty \left\{ (-1)^{k+1} k \left[\frac{1}{(2m)!} \int_0^\infty t^{2m} \mathrm{e}^{-kt} \mathrm{d}t \right] \right\} \\
&= 2 \sum_{k=1}^\infty \left\{ (-1)^{k+1} k \left[\frac{1}{(2m)!} (2m)! k^{-(2m+1)} \right] \right\} \\
&= 2 \sum_{k=1}^\infty \frac{(-1)^{k+1}}{k^{2m}} = 2(1 - 2^{1-2m}) \zeta(2m).
\end{aligned}
$$

考虑到

$$
\zeta(2m) = \frac{(-1)^{m+1} 2^{2m} \pi^{2m}}{2(2m)!} B_{2m}, \tag{4.28}
$$

即有

$$
\begin{aligned}
a_\oplus(2m) &= 2(1 - 2^{1-2m}) \zeta(2m) \\
&= \frac{(-1)^{m+1}(2^{2m} - 2)\pi^{2m}}{(2m)!} B_{2m}. \tag{4.29}
\end{aligned}
$$

注意到

$$
B_0 = 1, B_2 = 1/6, B_4 = -1/30, B_6 = 1/42, B_8 = -1/30, \cdots,
$$

则有

$$
\begin{array}{ll}
a_\oplus(0) = 1, & a_\oplus(2) = \pi^2/6, \\
a_\oplus(4) = 7\pi^4/360, & a_\oplus(6) = 31\pi^6/15120,
\end{array}
$$

$$
\cdots\cdots
$$

因此, 相应的奇宗量 Dirichlet 逆函数为

$$
a_\oplus(2m + 1) = 0,
$$

而偶宗量 Dirichlet 逆函数为

$$
\begin{array}{ll}
a_\oplus^{-1}(0) = 1, & a_\oplus^{-1}(2) = -\pi^2/6, \\
a_\oplus^{-1}(4) = \pi^4/120, & a_\oplus^{-1}(6) = -\pi^6/5040,
\end{array}
$$

$$
\cdots\cdots
$$

有了这些反演系数, 加性反演结果就是

$$Q(x) = \sum_{n=0}^{\infty} a_{\oplus}^{-1}(n) \tilde{P}^{(n)}(x). \tag{4.30}$$

另外, 对照

$$\sum_{n=0}^{\infty} a_{\oplus}(n) t^n = \sum_{m=0}^{\infty} \frac{(-1)^{m+1}(2^{2m}-2)\pi^{2m}}{(2m)!} B_{2m} t^{2m}$$

和余割函数展开式 [Kno28]

$$t \csc t = \sum_{m=0}^{\infty} \frac{(-1)^{m+1}(2^{2m}-2)}{(2m)!} B_{2m} t^{2m} \quad (|t| < \pi)$$

即可知,

$$\sum_{n=0}^{\infty} a_{\oplus}(n) t^n = \sum_{m=0}^{\infty} a_{\oplus}(2m) t^{2m} = \pi t \csc \pi t = \frac{\pi t}{\sin \pi t}.$$

因此,

$$\sum_{n=0}^{\infty} a_{\oplus}^{-1}(n) t^n = \frac{\sin \pi t}{\pi t}.$$

由众所周知的正弦函数展开式易得

$$\frac{\sin \pi t}{\pi t} = \sum_{m=0}^{\infty} \frac{(-1)^m (\pi t)^{2m}}{(2m+1)!}.$$

根据 Taylor 展开的唯一性, 即得

$$a_{\oplus}^{-1}(n) = \begin{cases} \dfrac{(-1)^m \pi^{2m}}{(2m+1)!}, & \text{若 } n = 2m, \\ 0, & \text{若 } n = 2m+1, \end{cases} \tag{4.31}$$

因此,

$$\begin{aligned} Q(x) &= \sum_{m=0}^{\infty} \frac{(-1)^{m+1}\pi^{2m}}{(2m+1)!} \frac{\partial^{2m} \tilde{P}(x)}{\partial x^{2m}} \\ &= \sum_{m=0}^{\infty} \frac{(-1)^{m+1}\pi^{2m}}{(2m+1)!} \frac{\partial^{2m+1} P(x)}{\partial x^{2m+1}}. \end{aligned}$$

这可进一步简化成

$$Q(x) = \frac{1}{\pi} \sin\left(\pi\frac{\partial}{\partial x}\right) P(x)$$
$$= \frac{1}{\pi} \Im\left[e^{i\pi\frac{\partial}{\partial x}} P(x)\right]$$
$$= \frac{1}{2\pi i}[P(x+i\pi) - P(x-i\pi)]. \tag{4.32}$$

在金属中, 载流子密度 $n(E_F, T)$ 和电子能态密度 $g(E, T)$ 之间关系为

$$n(E_F, T) = \int_{-\infty}^{\infty} g(E, T)\frac{1}{1+\exp[E - E_F/kT]}E. \tag{4.33}$$

由此, 可得

$$g(E_F, T) = \sum_{m=0}^{\infty} (-1)^m \frac{(\pi kT)^{2m}}{(2m+1)!} \frac{\partial^{2m+1}}{\partial E_F^{2m+1}} n(E_F, T). \tag{4.34}$$

各级近似则为

$$g_0(E_F, T) = \frac{\partial n(E_F, T)}{\partial E_F}, \tag{4.35}$$

$$g_1(E_F, T) = \frac{\partial n(E_F, T)}{\partial E_F} - \frac{\pi^2 (kT)^2}{6} \frac{\partial^3 n(E_F, T)}{\partial E_F^3}, \tag{4.36}$$

$$g_2(E_F, T) = \frac{\partial n(E_F, T)}{\partial E_F} - \frac{\pi^2 (kT)^2}{6} \frac{\partial^3 n(E_F, T)}{\partial E_F^3}$$
$$+ \frac{\pi^4}{120}(kT)^4 \frac{\partial^5 n(E_F, T)}{\partial E_F^5}. \tag{4.37}$$

现在实验上已可验证到二级近似.

上面的推导利用了加法半群上的对偶关系, 这可看作 Kronecker δ 函数的一种表达. 下面从 Dirac δ 函数的一种表达来推导. 图 4.2 是 Dirac (1902—1984) 的照片

"In science one tries to tell people, in such a way as to be understood by everyone, something that no one ever knew before. But in poetry, it is the exact opposite."

Paul Dirac

图 4.2　Dirac

和他的名言, 译成中文是: "在科学中, 试图以所有人都能理解的方式告诉人们之前没有人知道的东西, 但在诗歌中正相反."

从广义函数的角度可知 [Che2016]

$$\lim_{\epsilon \to 0^+} \frac{1}{x \pm i\epsilon} = \frac{1}{x \pm i0^+} = P\left(\frac{1}{x}\right) \mp i\pi\delta(x),$$

其中 $P(\cdot)$ 代表 Cauchy 主值. 注意, $\delta(x-y) = \delta(y-x)$, 即有

$$\delta(x-y) = \frac{1}{2\pi i}\left[\frac{1}{x-y-i0^+} - \frac{1}{x-y+i0^+}\right]$$

$$= \frac{1}{2\pi i}\left[\frac{1}{1-e^{x-y+i0^+}} - \frac{1}{1-e^{x-y-i0^+}}\right].$$

引入平移算子 $e^{i(\pi-0^+)\partial/\partial y}$ 和 $e^{-i(\pi-0^+)\partial/\partial y}$, 它们分别代表复平面上沿虚轴移动 π 和 $-\pi$ 的运算. 因此,

$$\frac{1}{2\pi i}\left[e^{i(\pi-0^+)\partial/\partial y} - e^{-i(\pi-0^+)\partial/\partial y}\right]\frac{1}{1+e^{x-y}}$$

$$= \frac{1}{2\pi i}\left[\frac{1}{1+e^{x-[y+i(\pi-0^+)]}} - \frac{1}{1+e^{x-[y-i(\pi-0^+)]}}\right]$$

$$= \frac{1}{2\pi i}\left[\frac{1}{1-e^{x-y+i0^+}} - \frac{1}{1-e^{x-y-i0^+}}\right] = \delta(x-y),$$

$$\delta(x-y) = \frac{1}{2\pi i}\left[e^{i\pi\partial/\partial y} - e^{-i\pi\partial/\partial y}\right]\frac{1}{1+e^{x-y}}$$

$$= \frac{1}{\pi}\Im\left[\exp\left(i\pi\frac{\partial}{\partial y}\right)\frac{1}{1+e^{x-y}}\right]$$

$$= \frac{1}{\pi}\sum_{m=0}^{\infty}\frac{(-1)^m\pi^{2m+1}}{(2m+1)!}\frac{\partial^{2m+1}}{\partial y^{2m+1}}\frac{1}{1+e^{x-y}}.$$

4.5   关于本征半导体的一个逆问题

对于本征半导体而言, 若等效电子质量与等效空穴质量相等, $M_e = M_h$, 则 n 型载流子浓度 $n(T)$ 和导带电子态密度 (DOS) $g(E)$ 之间存在以下关系:

$$n(T) = \int_{E_c}^{\infty}\frac{g(E)\mathrm{d}E}{1+\exp[(E-E_F)/kT]}, \tag{4.38}$$

其中 E_F 是位于 $(E_c + E_v)/2$ 处的 Fermi 能级, E_c 表示导带底, E_v 表示价带顶. 问题是, 基于实验上可以测量的 $n(T)$, 怎么获取关于能态密度 $g(E)$ 的信息?

引入冷度 $u = 1/kT$, 并定义 $f(u) = n(1/ku) = n(T)$ 的新的 DOS $G(E) = g(E + E_c)$, 即得

$$
\begin{aligned}
f(u) &= \int_{E_c}^{\infty} \frac{g(E)\mathrm{d}E}{1 + \exp[(E - E_F)/kT]} \\
&= \int_0^{\infty} \mathrm{d}E\, G(E) \sum_{n=1}^{\infty} (-1)^{n+1} \exp[-nu(E + E_c - E_F)] \\
&= \sum_{n=1}^{\infty} (-1)^{n+1} \mathrm{e}^{-nu(E_c - E_v)} \int_0^{\infty} \mathrm{d}E\, G(E)\mathrm{e}^{-nuE}
\end{aligned}
$$

或

$$
f(u) = \sum_{n=1}^{\infty} (-1)^{n+1} \mathrm{e}^{-nu(E_c - E_v)} L[G(E); E \to nu]. \tag{4.39}
$$

假定温度变化时, $E_c - E_v$ 保持不变, 由 (4.41) 式所代表的定理, 即得

$$
\mathrm{e}^{-u(E_c - E_v)} L[G(E); E \to u] = \sum_{n,m=1}^{\infty} 2^m \mu(n) f(2^m nu).
$$

两边再做 Laplace 逆变换就有

$$
G(E) = \sum_{n,m=1}^{\infty} 2^m \mu(n) L^{-1}\Big[f(2^m nu)\mathrm{e}^{u(E_c - E_v)}; u \to E \Big]. \tag{4.40}
$$

具体分析不再进行下去. 下面是相关定理及其证明.

定理 4.5

$$
A(x) = \sum_{n=1}^{\infty} (-1)^{n+1} B(nx)
$$

$$
\Longleftrightarrow B(x) = \sum_{m,n=1}^{\infty} 2^{m-1} \mu(n) A(2^{2m-1} nx). \tag{4.41}
$$

证明 引入 $c(x) = \sum_{k=1}^{\infty} \mu(k) B(kx)$, 则有

$$
\begin{aligned}
B(x) &= \sum_{k=1}^{\infty} c(kx) = \sum_{n=1}^{\infty} \mu(n) \sum_{k=1}^{\infty} B(nkx) \\
&= \sum_{n=1}^{\infty} \mu(n) \Big[\sum_{k,m=1}^{\infty} 2^{m-1} B(2^{m-1} nkx) - \sum_{k,m=1}^{\infty} 2^m B(2^m nkx) \Big]
\end{aligned}
$$

$$= \sum_{n=1}^{\infty} \mu(n) \Big[\sum_{k,m=1}^{\infty} 2^{m-1} B(2^{m-1} nkx) - 2 \sum_{\substack{k,m=1,\\ 2|k}}^{\infty} 2^{m-1} B(2^{m-1} nkx) \Big]$$

$$= \sum_{n=1}^{\infty} \mu(n) \sum_{k,m=1}^{\infty} (-1)^{k+1} 2^{m-1} B(2^{m-1} nkx)$$

$$= \sum_{m,n=1}^{\infty} 2^{m-1} \mu(n) \sum_{k=1}^{\infty} (-1)^{k+1} B(2^{m-1} nkx)$$

$$\xrightarrow{A(x)=\sum_{n=1}^{\infty}(-1)^{n+1} B(nx)} \sum_{m,n=1}^{\infty} 2^{m-1} \mu(n) A(2^{m-1} nx).$$

4.6   Chapman-Enskog 展开的收敛性问题

由于描述非平衡态下热力学体系的统计行为的需要, 在 1872 年提出的 Boltzmann 方程成为非平衡态统计力学中研究各种流体运动最基本的方程, 从低速到高速, 从稀薄到稠密. 为了求解此方程, 人们对方程中的碰撞项做了简化, 其中 Bhatnagar-Gross-Krook (BGK) 方案最为流行, 该方案假定碰撞能使非平衡分布函数 f 恢复到平衡的 Maxwell 分布函数 g, 过程的速度正比于碰撞的频率. 因此, Boltzmann 方程就成为 BGK 方程

$$\frac{\partial f}{\partial t} + \frac{\boldsymbol{p}}{m} \cdot \nabla f + \boldsymbol{F} \cdot \frac{\partial f}{\partial \boldsymbol{p}} = \frac{g-f}{\tau}, \tag{4.42}$$

其中 f 是非平衡态分布函数, $\boldsymbol{F}$ 是外力, m 是质量, $\boldsymbol{v} = \boldsymbol{p}/m$ 是速度场, $\boldsymbol{p}$ 是动量场, τ 是弛豫时间, g 是平衡时 Maxwell 分布函数. 弛豫时间定义为 $\tau \sim \frac{\lambda}{L} K_n$, 其中 λ 是分子平均自由程, L 是系统特征长度, K_n 是 Knudsun 数.

若不存在外力, 上述方程可简化为

$$g(t) = f(t) + \tau \frac{\mathrm{D}f}{\mathrm{D}t}. \tag{4.43}$$

解此方程的目的是用平衡态分布函数 g 构建出非平衡态分布函数 f, 其中算子

$$\frac{\mathrm{D}}{\mathrm{D}t} = \frac{\partial}{\partial t} + \boldsymbol{v} \cdot \nabla. \tag{4.44}$$

1917 年前后, 英国的 Chapman 和瑞典的 Enskog 分别提出

$$f = g - \tau \frac{\mathrm{D}f}{\mathrm{D}t}$$

$$= g - \tau \frac{\mathrm{D}}{\mathrm{D}t} \Big(g - \tau \frac{\mathrm{D}f}{\mathrm{D}t} \Big)$$

$$= g - \tau \frac{\mathrm{D}g}{\mathrm{D}t} + \tau^2 \frac{\mathrm{D}^2 g}{\mathrm{D}t^2} - \cdots,$$

结果可表为

$$f(t) = \sum_{n=0}^{\infty} (-1)^n \tau^n \frac{\mathrm{D}^n}{\mathrm{D}t^n} g(t). \tag{4.45}$$

这就是 100 年来十分著名并广为应用的 Chapman-Enskog 展开. 这个展开尽管应用广泛, 成绩卓著, 但是在超声速和超低密度的领域面对严重挑战. 前者可用高马赫数表示 ($Ma > 5$), 后者表明 λ 与系统尺度相当, K_n 的大小达到个位数. 一般认为, 这时 Navier-Stokes 方程已经失效. 有趣的是, 尽管 Chapman-Enskog 展开的前两项可与 Navier-Stokes 方程对应, 展开到第三项以上 (即出现所谓 Burnett 项甚至超 Burnett 项) 并未解决任何问题. 尤其是, $\tau \geqslant 1$ 的情况会使 Chapman-Enskog 展开级数产生发散. 因此, 一百年来作为金科玉律的 Chapman-Enskog 展开开始遭到怀疑.

一般而言, 解决一个物理上的难题常常需要引进一个新的物理量. 这里要引进的是最大弛豫时间 $\tau_{\max}$, 它是弛豫时间的上限. 现在, 弛豫时间 τ 不再是一个普通的参量, 而是一个有上确界的独立变量. 这时, BGK 方程必须改写为 [Che2017]

$$g(\tau, t) = f(\tau, t) + \tau \frac{\mathrm{D}}{\mathrm{D}t} f(\tau, t). \tag{4.46}$$

注意到, (4.43) 式可改写成等价的级数形式

$$g(\tau, t) = \sum_{n=0}^{[\tau_{\max}/\tau]} r(n) \tau^n \frac{\mathrm{D}^n}{\mathrm{D}t^n} f(\tau, t), \tag{4.47}$$

条件是

$$r(n) = \begin{cases} 1, & \text{若 } n \leqslant 1, \\ 0, & \text{若 } n > 1. \end{cases} \tag{4.48}$$

按照 Möbius 反演, 即得修正的 Chapman-Enskog 展开

$$f(\tau, t) = \sum_{n=0}^{[\tau_{\max}/\tau]} r^{-1}(n) \tau^n \frac{\mathrm{D}^n}{\mathrm{D}t^n} g(\tau, t), \tag{4.49}$$

其中 $r^{-1}(n)$ 满足

$$\sum_{m+n=k} r^{-1}(n) r(m) = \delta_{k,0}. \tag{4.50}$$

证明如下:

$$\sum_{n=0}^{[\tau_{\max}/\tau]} r^{-1}(n)\tau^n \frac{\mathrm{D}^n}{\mathrm{D}t^n} g(\tau,t)$$

$$= \sum_{n=0}^{[\tau_{\max}/\tau]} r^{-1}(n)\tau^n \frac{\mathrm{D}^n}{\mathrm{D}t^n}\left[\sum_{m=0}^{[\tau_{\max}/\tau]} r(m)\tau^m \frac{\mathrm{D}^m}{\mathrm{D}t^m} f(\tau,t)\right]$$

$$= \sum_{k=0}^{[\tau_{\max}/\tau]} \sum_{n+m=k}\left[r^{-1}(n)r(m)\tau^{n+m}\frac{\mathrm{D}^{m+n}}{\mathrm{D}t^{m+n}} f(\tau,t)\right]$$

$$= \sum_{k=0}^{[\tau_{\max}/\tau]} \delta_{k,0}\tau^k \frac{\mathrm{D}^k}{\mathrm{D}t^k} f(\tau,t)$$

$$= \tau^0 \frac{\mathrm{D}^0}{\mathrm{D}l^0} f(\tau,t) = f(\tau,t).$$

注意, 对上述结果的理解和运用离不开 D/Dt 的定义 (4.44). 显然, 运用修正的 Chapman-Enskog 展开, 无外力存在时 BGK 方程解的发散问题已不复存在: 首先, 对于任何 τ, 级数展开的项数都是有限的, 无限求和关系不再存在, 发散问题自动消失. 其次, 通常处理发散级数的办法就是截断, 但是, 取多少项截断才合适, 一直是个微妙的敏感问题. 而在修正的 Chapman-Enskog 展开中, 截断项数完全由 $[\tau_{\max}/\tau]$ 确定, 不同的弛豫时间区间对应不同的截断项数, 它们的发生概率也不同, 见表 4.1.

表 4.1 修正的 Chapman-Enskog 展开与弛豫时间区间的关系

$\tau/\tau_{\max}$	$n_M = [\tau_{\max}/\tau]$	展开项数	发生概率 $\Delta/\tau_{\max}$
$(1/2,1)$	1	2	$1/2$
$(1/3,1/2)$	2	3	$1/6$
$(1/4,1/3)$	3	4	$1/12$

佘振苏指出 [She2017], 新的结果说明, Chapman-Enskog 展开在实践中为什么只展开两项就能得到不错的结果. 这也间接地说明, 为什么 Burnett 和超 Burnett 这些项往往对某些高速流动的物理描述没有改进的作用. 另外, 这种分析或也可用于微扰论应用中的一些经验规律. 按照对 Chapman-Enskog 展开的传统理解, 对 $\tau \geqslant 1$ 的情况进行计算是不可能的, 只能做些 $\tau < 1$ 的工作 [Fen2019]. 但是, 运用修正的 Chapman-Enskog 展开处理 $\tau > 1$ 的情况是不会产生发散问题的 [Ren2021]. 2022 年 11 月 19 日, 著名计算流体力学专家 Sagaut 在第 12 届中国流体力学学术会议上指出, 经过大量验算, 修正的 Chapman-Enskog 展开使计算的可靠性、精度和速度出现综合性平衡, 速度与原先比, 有十倍、百倍的增长.

注意, 按照一般微扰论 (尤其是量子力学) 的叙述, 微扰论的展开项越多越好. 看来, 这种观念是没有道理的. 按照这里的理解, 上述情况将对应于表 4.1 中 $\tau/\tau_{\max} \to 0$ 的特殊情况.

4.7 统计分布的变化

注意, 由于简并等原因, 统计分布可能发生变化,

$$\frac{1}{e^{y-x}+1} \to \frac{1}{e^{y-x}+\alpha}, \quad \alpha \in (0,1],$$

$$\widehat{P}(x) = \int_{-\infty}^{\infty} \frac{Q(y)}{\alpha + e^{y-x}}\mathrm{d}y = \int_{-\infty}^{\infty} \frac{\frac{1}{\alpha}Q(y)}{1 + e^{y-(x+\ln\alpha)}}\mathrm{d}y$$

$$\xrightarrow[a(n)=\frac{1}{n!}\int_{-\infty}^{\infty}\frac{t^n}{1+e^t}\mathrm{d}t]{Q(y)=\sum\limits_{n=0}^{\infty}\frac{1}{n!}(y-x-\ln\alpha)^n Q^{(n)}(x+\ln\alpha)} \frac{1}{\alpha}\int_{-\infty}^{\infty}\frac{Q(y)}{1+e^{y-\widetilde{x}}}\mathrm{d}y$$

$$= \frac{1}{\alpha}P(\widetilde{x}) = \frac{1}{\alpha}\sum_{n=0}^{\infty}a(n)Q^{(n)}(\widetilde{x}),$$

其中 $\widetilde{x} = x + \ln\alpha$. 因此,

$$Q(\widetilde{x}) = \alpha \sum_{n=0}^{\infty} a^{-1}(n)\widehat{P}(x)$$

或

$$Q(x) = \alpha \sum_{n=0}^{\infty} a^{-1}(n)\widehat{P}(x + \ln\alpha). \tag{4.51}$$

4.8 加性 Cesáro 反演公式

设对任意非负整数 m 和 n, 存在函数 $g_n(x) \equiv g(n,x)$ 符合

$$\begin{cases} g_m\big(g_n(x)\big) = g_{m+n}(x), \\ g_0(x) = x, \end{cases}$$

则称 $g_n(x) \equiv g(n,x)$ 为混合加性函数. 可证明如下定理.

定理 4.6

$$F(x) = \sum_{n=0}^{\infty} r_{\oplus}(n)f\big(g_n(x)\big) \Longleftrightarrow f(x) = \sum_{n=0}^{\infty} r_{\oplus}^{-1}(n)F\big(g_n(x)\big). \tag{4.52}$$

读者还可证明, 混合加性函数必满足

$$g_n(x) = G^{-1}\Big(G(x) + n\Big), \tag{4.53}$$

其中 $G(x)$ 和 $G^{-1}(x)$ 互为逆函数.

例 4.8 $g_n(x) = \sqrt{x^2 + n}$.

$$F(x) = \sum_{n=0}^{\infty} r_\oplus(n) f\Big(\sqrt{x^2 + n}\Big) \Longleftrightarrow f(x) = \sum_{n=0}^{\infty} r_\oplus^{-1}(n) F\Big(\sqrt{x^2 + n}\Big).$$

例 4.9 $g_n(x) = (\sqrt{x} + n)^2$.

$$F(x) = \sum_{n=0}^{\infty} r_\oplus(n) f\Big((\sqrt{x} + n)^2\Big) \Longleftrightarrow f(x) = \sum_{n=0}^{\infty} r_\oplus^{-1}(n) F\Big((\sqrt{x} + n)^2\Big).$$

例 4.10 $g_n(x) = \ln(\mathrm{e}^x + n)$.

$$F(x) = \sum_{n=0}^{\infty} r_\oplus(n) f\Big(\ln(\mathrm{e}^x + n)\Big) \Longleftrightarrow f(x) = \sum_{n=0}^{\infty} r_\oplus^{-1}(n) F\Big(\ln(\mathrm{e}^x + n)\Big).$$

例 4.11 $g_n(x) = \mathrm{e}^{\ln x + n}$.

$$F(x) = \sum_{n=0}^{\infty} r_\oplus(n) f\Big(\mathrm{e}^{\ln x + n}\Big) \Longleftrightarrow f(x) = \sum_{n=0}^{\infty} r_\oplus^{-1}(n) F\Big(\mathrm{e}^{\ln x + n}\Big).$$

例 4.12 $g_n(x) = \sin(\arcsin x + n)$.

$$F(x) = \sum_{n=0}^{\infty} r_\oplus(n) f\Big(\sin(\arcsin x + n)\Big) \Longleftrightarrow f(x) = \sum_{n=0}^{\infty} r_\oplus^{-1}(n) F\Big(\sin(\arcsin x + n)\Big).$$

回 头 看

Fermi 体系逆问题用加性对偶关系进行描述相当适宜. 能带论中的态密度问题、表面吸附、介电弛豫等积分方程问题都纳入本章 [Fro58,Lig91,Lan76]. 注意, Cerfolini 曾明确指出 [Cer80], 上述一大类积分方程均属病态问题. 本征半导体一节的解中包含具有不适定性的 Laplace 逆变换, 值得进一步深思. Landman 和 Montroll 的长文戛然而止 [Lan76], 意味深长. 有关问题的病态分析是一块处女地, 许多问题有待开拓 [Sri92, Wu2012].

附录 4.1　电介质弛豫时间谱研究

电介质对外场的响应时间谱或弛豫时间分布十分重要, 它和可测量的复数介电常数 $\epsilon(\omega) = \epsilon'(\omega) + \mathrm{i}\epsilon''(\omega)$ 之间有如下关系:

$$\int_0^\infty \frac{Y(\tau)\mathrm{d}\tau}{1 + (\omega\tau)^2} \equiv \frac{\epsilon'(\omega) + \epsilon'(\infty)}{\epsilon'(0) + \epsilon'(\infty)} \equiv Z(\omega), \tag{4.54}$$

其中 $\epsilon'(0)$ 是材料低频介电常数, $\epsilon'(\infty)$ 是高频或光学极限. 由于介电谱 $Z(\omega)$ 既可通过实验测量获得, 也可运用第一性原理方法计算出来, 而 $Y(\tau)$ 很难直接测量, 因此, 存在求解上述积分方程的需要. 传统方法是根据物理上的唯象分析构造出 $Y(\tau)$ 的经验或半经验的表达式, 其中包括一些实验上的待定参数 [Fro58], 然后算出 $Z(\omega)$ 与实验对比, 逐步修改 $Y(\tau)$. 这是一种典型的试错法. Ligachev 和 Falikov 在 1991 年提出了计算时间谱的新方法. 但是这种方法涉及 Mellin 变换和第三类 Bessel 函数. 有关拟合函数也受到很大限制 [Lig91]. 这里介绍如何运用加法半群的工具, 得出解决此问题的一种简明而普遍的方法. 引进新变量

$$\begin{cases} x = 2\ln\tau, \\ y = -\ln\omega \end{cases} \tag{4.55}$$

或

$$\begin{cases} \tau^2 = \mathrm{e}^x, \\ \omega^2 = \mathrm{e}^{-y}, \end{cases} \tag{4.56}$$

则有

$$Z(\mathrm{e}^{y/2}) = \frac{1}{2}\int_{-\infty}^\infty \frac{Y(\mathrm{e}^{x/2})\mathrm{e}^{x/2}\mathrm{d}x}{1 + \mathrm{e}^{x-y}}.$$

这可看作类 Fermi 积分方程. 仿前即有

$$\begin{aligned} \frac{1}{2}Y(\mathrm{e}^{y/2})\mathrm{e}^{y/2} &= \frac{1}{\pi}\sum_{m=0}^\infty \frac{(-1)^m \pi^{2m+1}}{(2m+1)!}\frac{\partial^{2m+1}}{\partial y^{2m+1}}Z(\mathrm{e}^{y/2}) \\ &= \frac{1}{\pi}\Im\left[\exp\left(\mathrm{i}\pi\frac{\partial}{\partial y}\right)Z(\mathrm{e}^{y/2})\right]. \end{aligned}$$

注意, 这是个形式上的封闭解. 下面与 Ligachev-Falikov 的特殊解做一对比. 在 Ligachev-Falikov 的情况下,

$$Z(\omega) = \sum_{j=1}^N a_j \exp\left[-\frac{b_j}{2}\left(\frac{\omega}{\omega_0} + \frac{\omega_0}{\omega}\right)\right].$$

取出上述求和中的代表项

$$Z_0(\omega) = \exp\left[b\left(\frac{\omega}{\omega_j} + \frac{\omega_j}{\omega}\right)\right]$$
$$= \left[-b\left(e^{(y-y_0)/2} + e^{-(y-y_0)/2}\right)\right],$$

有

$$Y(\tau) = \frac{2}{\pi\tau}\Im\left\{e^{i\pi\partial/\partial y}\exp\left[b\left(e^{(y-y_0)/2} + e^{-(y-y_0)/2}\right)\right]\right\}\Big|_{y=x}$$
$$= \frac{2}{\pi\tau}\Im\left\{\exp\left[b\left(e^{(y+i\pi-y_0)/2} + e^{-(y+i\pi-y_0)/2}\right)\right]\right\}\Big|_{y=x}$$
$$= \frac{2}{\pi\tau}\Im\left\{\exp\left[ib\left(e^{(y-y_0)/2} + e^{-(y-y_0)/2}\right)\right]\right\}\Big|_{y=x}$$
$$= \frac{2}{\pi\tau}\sin\left[b\left(e^{(y-y_0)/2} + e^{-(y-y_0)/2}\right)\right].$$

注意 $y = x$ 即指 $\tau = 1/\omega$. 因此,

$$Y(\tau) = \frac{2}{\pi\tau}\sin\left[b\left(\frac{1}{\omega_0\tau} - \omega_0\tau\right)\right].$$

上述结果与 Ligachev-Falikov 的完全一样. 但推导要简单得多.

附录 4.2　表面吸附的 Langmuir 积分方程

表面吸附的概念要追溯到 Langmuir 的工作. 他首先提出了总等温曲线的表达式. 实验上的表面总等温曲线 Θ_t 和理论上的局域吸附中心等温曲线 θ_L 之间存在如下关系:

$$\Theta_t(P, T) = \int_0^\infty \theta_L(P, T; \epsilon)\rho(\epsilon, T)d\epsilon \tag{4.57}$$

和

$$\int_0^\infty \rho(\epsilon, T)d\epsilon = 1, \tag{4.58}$$

其中 $\epsilon(\geqslant 0)$ 是吸附能. P 和 T 分别代表压强和温度. 吸附表面往往由多种原子或分子组成不同结构, 表面上各几何点都可能是不同的吸附中心, 它们对外来原子有不同的吸附能. 因此, 吸附中心可按吸附能大小分类, 每一类占比不同, 用 $\rho(\epsilon, T)d\epsilon$ 表示. 一般而言, 实验上已经对各种材料分别建立起总吸附等温曲线的模型. 而对局域等温曲线 θ_L 都按照 Langmuir 给出为

$$\theta_L(P, T; \epsilon) = \left[1 + P^{-1}a(T)e^{-\epsilon/RT}\right]^{-1},$$

其中 $a(T)$ 的含义在 Langmuir 等温曲线中是统计力学参量. 由此, 积分方程就变成

$$\Theta_{\mathrm{t}}(P,T) = \int_0^\infty \frac{\rho(\epsilon)\mathrm{d}\epsilon}{1 + P^{-1}a(T)\mathrm{e}^{-\epsilon/RT}}. \tag{4.59}$$

引入参数 x 和 y 使得

$$P^{-1}a(T) = \mathrm{e}^y \tag{4.60}$$

和

$$x = \epsilon/RT. \tag{4.61}$$

积分方程就成为类 Fermi 型的

$$\Theta(a(T)\mathrm{e}^{-y}, T) = RT \int_0^\infty \frac{\rho(RTx)\mathrm{d}x}{1 + \mathrm{e}^{y-x}}. \tag{4.62}$$

其解为

$$\rho(\epsilon) = \rho(RTx) = \frac{-1}{\pi RT}\Im\left[\mathrm{e}^{\mathrm{i}\pi\frac{\partial}{\partial y}}\Theta_{\mathrm{t}}(y,T)\right]\Big|_{y=x}, \tag{4.63}$$

此处 $y = x$ 代表 $\epsilon = RT\ln(a(T)/P)$. 另外, 注意 $(1 + \mathrm{e}^{x-y})^{-1}$ 与 $(1 + \mathrm{e}^{y-x})^{-1}$ 的区别.

例 4.13 广义 Freundlich 等温吸附曲线. 这时的唯象规律为

$$\Theta_{\mathrm{t}}(P,T) = \left[1 + P^{-1}a(T)\right]^{-c}.$$

考虑 $\mathrm{e}^{-cy}/(1 + \mathrm{e}^{-y})^c = (1 + \mathrm{e}^y)^{-c}$, 即得

$$\begin{aligned}
\rho(\epsilon) = \rho(RTx) &= \frac{-1}{2\pi\mathrm{i}RT}\left(\mathrm{e}^{\mathrm{i}\pi\frac{\partial}{\partial y}} - \mathrm{e}^{\mathrm{i}\pi\frac{\partial}{\partial y}}\right)\frac{\mathrm{e}^{-cy}}{(1+\mathrm{e}^{-y})^c}\Big|_{y=x} \\
&= \frac{-1}{2\pi\mathrm{i}RT}\left[\frac{\mathrm{e}^{-c(y+\mathrm{i}\pi)}}{(1+\mathrm{e}^{-y-\mathrm{i}\pi})^c} - \frac{\mathrm{e}^{-c(y-\mathrm{i}\pi)}}{(1+\mathrm{e}^{-y+\mathrm{i}\pi})^c}\right]\Big|_{y=x} \\
&= \frac{\sin\pi c}{\pi RT(\mathrm{e}^{\epsilon/RT}-1)^c}.
\end{aligned}$$

这个方法相当简单, 但结果与 Sips 方法以及 Wiener-Hopf 方法的都是一样的.

例 4.14 Dubinin-Radushkevich 等温吸附曲线. Dubinin-Radushkevich 等温吸附曲线可表示为

$$\Theta_{\mathrm{t}}(P,T) = \exp\left\{-B\left[Rt\ln(P_0/P)\right]^2\right\},$$

其中 P 是被吸附气体在环境温度为 T 时的饱和蒸气压, B 是常数. 再令 $A \equiv B(RT)^2$ 和 $C \equiv \ln P_0/a(T)$, 即有

$$\Theta_{\mathrm{t}}(y, T) = \exp\left[-A(y-C)^2\right].$$

因此,

$$
\begin{aligned}
\rho(\epsilon) &= \frac{-1}{\pi RT}\Im\left[\mathrm{e}^{\mathrm{i}\pi\frac{\partial}{\partial y}}\mathrm{e}^{-A(y-C)^2}\right]\Big|_{y=x} \\
&= \frac{-1}{\pi RT}\Im\left[\mathrm{e}^{-A[(y+\mathrm{i}\pi)-C]^2}\right]\Big|_{y=x} \\
&= \frac{-1}{\pi RT}\Im\left[\mathrm{e}^{-A(y-c)^2A\pi^2+2\pi A\mathrm{i}(y-c)}\right]\Big|_{y=x} \\
&= \frac{-1}{\pi RT}\mathrm{e}^{-A(C-y)^2+A\pi^2}\sin[2\pi A(C-y)]\Big|_{y=\epsilon/RT} \\
&= \frac{\mathrm{e}^{-B[\epsilon^2-(\pi RT)^2]}}{\pi RT}\sin\left(2\pi BRT\epsilon\right).
\end{aligned}
$$

若用 Wiener-Hopf 方法, 相当麻烦, 但结果一样.

第五章　晶体结合逆问题

横竖精致剔透, 奇妙曲径通幽

晶体结构多种多样 (见图 5.1), 找到原子间的相互作用势在固体物理中极为重要. 人们在 20 世纪初就认识到晶体中原子相互作用势的重要性, 并总结出许多经验势. 图 5.2 是对晶体结构研究做出很大贡献的 Laue (1879—1960) 和 Bragg (1862—1942) 的照片. 在分子动力学中原子间相互作用对势和嵌入原子势使用最多, 它们都避免了角度关联的麻烦. 下面是几则常用的经验对势.

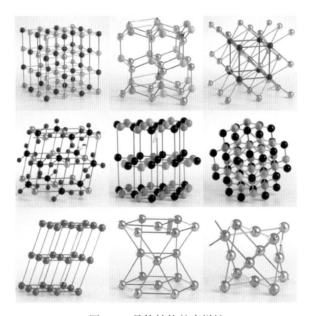

图 5.1　晶体结构的多样性

例 5.1　Lennard-Jones 势:

$$\Phi(r) = \frac{A}{r^n} - \frac{B}{r^m}, \tag{5.1}$$

$$\Phi(r) = 4\epsilon\left[\left(\frac{\sigma}{r}\right)^{12} - n\left(\frac{\sigma}{r}\right)^{6}\right]. \tag{5.2}$$

例 5.2   Buckingham 势:

$$\Phi(r) = D_0 e^{-\beta r} - \frac{C}{r^6}. \tag{5.3}$$

图 5.2   Laue 和 Bragg

例 5.3   Morse 势:

$$\Phi(r) = \Phi_0 \left[e^{-2a\left(\frac{r}{r_0}-1\right)} - 2e^{-a\left(\frac{r}{r_0}-1\right)} \right]. \tag{5.4}$$

例 5.4   Rahman-Stillinger-Lemberg 势:

$$\Phi(r) = D_0 e^{-\gamma\left(1-\frac{r}{r_0}\right)} + \frac{a_1}{1 + e^{b_1(r-c_1)}} \tag{5.5}$$

$$+ \frac{a_2}{1 + e^{b_2(r-c_2)}} + \frac{a_3}{1 + e^{b_3(r-c_3)}}. \tag{5.6}$$

5.1   CGE 方法

1980 年, 固体量子论和计算机技术的发展使固体中原子结合能曲线的计算日趋成熟. 为了避免或减少经验势的局限, 哈佛大学的 Carlsson, Gellat 和 Ehrenreich (CGE) 提出从第一性原理结合能曲线中反演出原子相互作用对势的问题 [Car80,Esp80], 所依据的方程如下:

$$E(x) = \frac{1}{2} \sum_{p=1}^{\infty} n_p \Phi(s_p x), \tag{5.7}$$

此处 x 为晶格体系中原子间最近邻距离, s_p 是第 p 近邻原子间的距离相对最近邻距离的比值, 原子壳排序 $s_1 < s_2 < s_3 < \cdots$, n_p 是 p 阶配位数, 即第 p 阶壳上的原子数. Carlsson 等引入算子 T_p, 它们对任意函数 ψ 的作用如下:

$$T_p\psi(x) = \frac{1}{2}n_p\psi(s_px) \tag{5.8}$$

和

$$T_p^{-1}\psi(x) = \frac{2}{n_p}\psi\left(\frac{x}{s_p}\right). \tag{5.9}$$

因此, 结合能可表示为

$$E(x) = \sum_p T_p\Phi(x) = \left[T_1\left(1 + \sum_{p=2}^{\infty}T_1^{-1}T_p\right)\right]\Phi(x).$$

若将结合能与原子势的关系写成 $E = \theta\Phi$, 则

$$\theta = T_1\left(1 + \sum_{p=2}^{\infty}T_1^{-1}T_p\right) = T_1(1 + U),$$

其中括号内的算子简写成 $1 + U$. 运用二项式展开即得

$$\theta^{-1} = \left((1+U)^{-1}\right)T_1^{-1} = \left(1 - U + U^2 - U^3 + \cdots\right)T_1^{-1}$$

$$= \left(1 - \sum_{p=2}^{\infty}T_1^{-1}T_p + \sum_{p,q=2}^{\infty}T_1^{-1}T_pT_1^{-1}T_q - \cdots\right)T_1^{-1}.$$

因此,

$$\Phi(x) = \frac{2}{n_1}E\left(\frac{x}{s_1}\right) - \sum_{p=2}^{\infty}\left(\frac{2}{n_1}\right)\left(\frac{n_p}{2}\right)\left(\frac{2}{n_1}\right)E\left(\frac{s_px}{s_1^2}\right)$$

$$+ \sum_{p,q=2}^{\infty}\left(\frac{2}{n_1}\right)\left(\frac{n_p}{2}\right)\left(\frac{2}{n_1}\right)\left(\frac{n_q}{2}\right)\left(\frac{2}{n_1}\right)E\left(\frac{s_ps_qx}{s_1^3}\right) - \cdots. \tag{5.10}$$

CGE 的工作第一次给出了如何从第一性原理结合能曲线得出晶体中原子相互作用势的封闭解. 但是, 这个结果包含无穷多个多重无穷级数, 表达复杂, 计算烦琐, 分析更是困难. 下面将运用广义 Möbius 反演方法对此进行重大改进. 为了便于理解, 先讨论简单的二维方格结构 (见图 5.3).

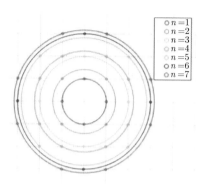

图 5.3 二维方格

5.2 二维方格与 Möbius 反演

为了便于理解, 先对二维方格的简单情况做一介绍. 众所周知, 二维晶格的格点可用一对整数 m 和 n 表示. 考虑每个格点都被一个同种原子占据的情况, 二维晶体的结合能可以写成

$$E(x) = \frac{1}{2} \sum_{(m,n)\neq(0,0)} \Phi(\sqrt{m^2+n^2}x)$$
$$= \frac{1}{2} \sum_{(m,n)\neq(0,0)} \Phi(|m+\mathrm{i}n|x),$$

其中 x 是二维方格中最近邻格点间距, $E(x)$ 与 $\Phi(x)$ 分别为结合能和原子相互作用势. 注意到

$$(m+\mathrm{i}n)(p+\mathrm{i}q) = (mp-nq) + \mathrm{i}(mq+np),$$

换言之, 在二维方格中, 任意两个格点间距的乘积仍是一个格点间距. 也就是说, 格点间距的集合相对于乘法是封闭的. 为了从上式反演出原子相互作用势, 必须考虑 "简并" 带来的麻烦, 例如 $3^2+4^2 = 0^2+5^2 = (-3)^2+(-4)^2 = \cdots$. 因此, 我们把上式进一步表示成

$$E(x) = \frac{1}{2} \sum_{n=1}^{\infty} r(n)\Phi(b(n)x), \tag{5.11}$$

其中 $r(n)$ 表示第 n 近邻的个数, 即配位数或简并数, $b(n)$ 为第 n 近邻间距, $\{b(n)\}$ 是个乘法半群函数, 即对任意两个正整数 m 和 n, 必存在唯一正整数 k, 使得

$$b(k) = b(m)b(n). \tag{5.12}$$

例如, $b(2)b(3) = \sqrt{2}\sqrt{4} = \sqrt{8} = b(5)$, $b(2)b(4) = \sqrt{10} = b(7)$, $b(3)b(5) = \sqrt{32} = b(16)$.

现在试着对结合能表达式 (5.11) 做逆变换, 并写成

$$\Phi(x) = 2\sum_{n=1}^{\infty} r^{-1}(n)E\big(b(n)x\big),$$

看看是否行得通. 用代入法即得

$$2\sum_{n=1}^{\infty} r^{-1}(n)E\big(b(n)x\big)$$

$$= 2\sum_{n=1}^{\infty} r^{-1}(n) \cdot \frac{1}{2}\sum_{m=1}^{\infty} r(m)\Phi\big(b(m)b(n)x\big)$$

$$= \sum_{k=1}^{\infty}\left\{\sum_{b(m)b(n)=b(k)} r^{-1}(n)r(m)\right\}\Phi\big(b(k)x\big).$$

要使之等于 $\Phi(x)$, 花括号内的项必须等于 Kronecker δ 函数, 即 $r^{-1}(n)$ 与 $r(n)$ 必须满足广义对偶关系:

$$\sum_{b(m)b(n)=b(k)} r^{-1}(n)r(m) = \delta_{k,1} \tag{5.13}$$

或

$$\sum_{b(n)\mid b(k)} r^{-1}(n)r\Big(b^{-1}\big[\frac{b(k)}{b(n)}\big]\Big) = \delta_{k,1}, \tag{5.14}$$

其中 | 不再是正整数集合内元素之间的 "整除" 关系, 而是乘法半群 $\{b(n)\}$ 内元素之间的关系. 由此即得如下定理.

定理 5.1 (二维方格结合能反演定理) 若 $E(x)$ 和 $\Phi(x)$ 分别代表二维方格中每原子结合能和原子间相互作用势, $b(n)$ 和 $r(n)$ 分别为原子间距和配位数, 则

$$E(x) = \frac{1}{2}\sum_{n=1}^{\infty} r(n)\Phi\big(b(n)x\big)$$

$$\xrightarrow[\quad\quad\quad\quad\quad\quad\quad]{\substack{\sum\limits_{b(m)b(n)=b(k)} r^{-1}(m)r(n)=\delta_{k,1}}}$$

$$\Phi(x) = 2\sum_{n=1}^{\infty} r^{-1}(n)E\big(b(n)x\big). \tag{5.15}$$

注意, $b(n)$ 是乘法半群函数. 表 5.1 给出了 $n = 1, 2, \cdots, 10$ 时的 $b(n), r(n)$ 和 $r^{-1}(n)$.

表 5.1　二维方格间距、配位数及其逆 (表中空白请读者自填)

n	1	2	3	4	5	6	7	8	9	10
$b(n)$	1	$\sqrt{2}$	2	$\sqrt{5}$	$\sqrt{8}$	3	$\sqrt{10}$	$\sqrt{13}$	4	$\sqrt{17}$
$r(n)$	4	4	4	8	4	4	8	8	4	8
$r^{-1}(n)$	1/4	$-1/4$	0	$-1/2$	0	$-1/4$	1/2	$-1/2$	0	$-1/2$
n	11	12	13	14	15	16	17	18	19	20
$b(n)$	$\sqrt{18}$	$\sqrt{20}$	5	$\sqrt{26}$	$\sqrt{29}$	$\sqrt{32}$	$\sqrt{34}$	6	$\sqrt{37}$	$\sqrt{40}$
$r(n)$	4	8	12	8	8	4	8	8	8	8
$r^{-1}(n)$	1/4	0	1/4	1/2	$-1/2$	0				

上面推导中用到格点间距之间相乘仍为格点间距的关系, 但数学上已经证明, 这种关系对于高维方格而言, 只有在维数等于 2 的整数次方幂时才存在.

5.3　任意三维晶格反演的 Möbius 方法

对任意三维晶格, 结合能与原子势仍有关系

$$E(x) = \frac{1}{2} \sum_{n=1}^{\infty} r(n) \Phi\big(b(n)x\big). \tag{5.16}$$

上节中问题能够解决的关键在于晶格中间距函数集合 $\{b(n)\}$ 对于乘法具有封闭性. 对于任意的晶体结构, 这并不一定成立. 实际上, 所谓封闭性就是在集合 $\{b(n)\}$ 中将各元素任意地不断自乘和互乘之后的结果仍属于这集合. 反之, 不具备封闭性就是上述乘法的某些结果超出了 $\{b(n)\}$ 的范围. 因此, 只要在原来的 $\{b(n)\}$ 集合中, 将反复不断地对各元素进行各种自乘、互乘的结果都收在一起, 构成新的大集合 $\{B(n)\}$, 它就能满足乘法的封闭性:

$$\{b(n)\} \xrightarrow[\text{任意 } m, n \text{ 均对应唯一 } k \text{ 使 } B(m)B(n)=B(k)]{\text{$b(n)$中元素不断自乘与互乘}} \{B(n)\}. \tag{5.17}$$

这时结合能和对势的关系就可改写成

$$E(x) = \frac{1}{2} \sum_{n=1}^{\infty} R(n) \Phi\big(B(n)x\big),$$

其中

$$R(n) = \begin{cases} 0, & \text{若 } B(n) \notin \{b(n)\}, \\ r\big(b^{-1}\big[B(n)\big]\big), & \text{若 } B(n) \in \{b(n)\}. \end{cases} \tag{5.18}$$

这里 $b^{-1}[\,]$ 是普通的反函数运算符号, $R(n) = 0$ 代表新增的虚格点的存在. 因此对任意晶格而言, 可以得到如下定理.

定理 5.2 (任意三维晶格结合能反演公式)

$$E(x) = \frac{1}{2}\sum_{n=1}^{\infty} R(n)\Phi\Big(B(n)x\Big) \qquad (5.19)$$

$$\xrightarrow[\{B(n)\}是乘法半群]{R^{-1} \text{ 是 } R \text{ 的广义 Dirichlet 逆}}$$

$$\Phi(x) = 2\sum_{n=1}^{\infty} R^{-1}(n)E\Big(B(n)x\Big), \qquad (5.20)$$

其中 $R(n)$ 和 $R^{-1}(n)$ 满足广义 Dirichlet 对偶关系, 即

$$\sum_{B(m)B(n)=B(k)} R^{-1}(m)R(n) = \delta_{k,1} \qquad (5.21)$$

或

$$\sum_{B(n)|B(k)} R^{-1}(n)R\Big(B^{-1}\big[\frac{B(k)}{B(n)}\big]\Big) = \delta_{k,1}.$$

前面介绍了哈佛大学提出的著名的 CGE 方法, 它的解包含无穷多个求和式, 其中每一个求和式都是多重无穷求和, 计算量的繁重可想而知. 这里的 Chen-Möbius 方法 (CM 方法) 通过对偶关系 (5.17) 使绝大部分的非零求和项自行抵消, 这将使计算速度加快几十甚至几百倍以上. 另一方面, 新的公式所具有的简美意境, 似乎也值得欣赏.

例 5.5 面心立方体系. 面心立方结构如图 5.4 所示.

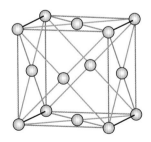

图 5.4 面心立方结构

面心立方体系中结合能与对势的关系为

$$E(x) = \frac{1}{2}\sum_{(m,n,\ell)\neq(0,0,0)} \Phi\Big(\sqrt{2(m^2+n^2+\ell^2)}x\Big)$$

$$+ \frac{3}{2} \sum_{m,n,\ell} \Phi\left(\sqrt{2\left[(m-\tfrac{1}{2})^2 + (n-\tfrac{1}{2})^2 + \ell^2\right]}\,x\right)$$
$$= 6\Phi(x) + 3\Phi(\sqrt{2}x) + 12\Phi(\sqrt{3}x)$$
$$+ 6\Phi(2x) + 12\Phi(\sqrt{5}x) + 4\Phi(\sqrt{6}x) + \cdots. \tag{5.22}$$

$B(n), R(n), R^{-1}(n)$ 的前 20 个取值见表 5.2. 如果只取前面 10 项, 面心立方结构的 $B(n)$ 与 $b(n)$ 并无区别, $R(n)$ 与 $r(n)$ 也是如此. 一直要到 $n \geqslant 14$ 才稍有变化. 因此, 可以径直取 $B(n) = \sqrt{n}$, 因而

$$B^{-1}\left(\frac{B(k)}{B(n)}\right) = B^{-1}\left(\sqrt{\frac{k}{n}}\right) = \frac{k}{n}, \tag{5.23}$$

相应反演公式为

$$\Phi(x) = 2 \sum_{n=1}^{\infty} R^{-1}(n) E\left(\sqrt{n}x\right), \tag{5.24}$$

其中 $R^{-1}(n)$ 是等效配位数函数 $R(n)$ 的 Dirichlet 逆. 面心立方结构反演中出现与 $R(n) = 0$ 对应的虚格点很少. 所以, 没有乘法半群这些概念已经可以展开到 14 项不出错. 下面会知道, 体心立方结构到第三项就会出问题. 这或许也是一般固体材料书总喜欢用面心立方来讲述问题的原因之一, 因为很少出现 "异常". 这时的反演公式为

$$\Phi(x) = \frac{1}{6} E(x) - \frac{1}{12} E\left(\sqrt{2}x\right) - \frac{1}{3} E\left(\sqrt{3}x\right)$$
$$- \frac{1}{8} E(2x) - \frac{1}{3} E\left(\sqrt{5}x\right) + \frac{2}{9} E\left(\sqrt{6}x\right) + \cdots. \tag{5.25}$$

面心体系的反演依近邻展开得很正常, 一般书籍喜欢用它为例.

表 5.2　面心立方结构格点间距 $B(n)$、配位数 $R(n)$ 及其逆 $B^{-1}(n)$

n	1	2	3	4	5	6	7	8	9	10
$B(n)$	1	$\sqrt{2}$	$\sqrt{3}$	2	$\sqrt{5}$	$\sqrt{6}$	$\sqrt{7}$	$\sqrt{8}$	3	$\sqrt{10}$
$R(n)$	12	6	24	12	24	8	48	6	36	24
$R^{-1}(n)$	$\frac{1}{12}$	$-\frac{1}{24}$	$-\frac{1}{6}$	$-\frac{1}{16}$	$-\frac{1}{6}$	$\frac{1}{9}$	$-\frac{1}{3}$	$\frac{1}{32}$	$\frac{1}{12}$	0
n	11	12	13	14	15	16	17	18	19	20
$B(n)$	$\sqrt{11}$	$\sqrt{12}$	$\sqrt{13}$	$\sqrt{14}$	$\sqrt{15}$	4	$\sqrt{17}$	$\sqrt{18}$	$\sqrt{19}$	$\sqrt{20}$
$R(n)$	24	24	72	0	48	12	48	30	72	24
$R^{-1}(n)$	$-\frac{1}{6}$	$\frac{7}{72}$	$-\frac{1}{2}$	$\frac{1}{3}$	$\frac{1}{3}$	$-\frac{1}{64}$	$-\frac{1}{3}$	$-\frac{17}{72}$	$-\frac{1}{2}$	$\frac{5}{24}$

例 5.6 体心立方结构的反演公式. 体心立方结构如图 5.5 所示.

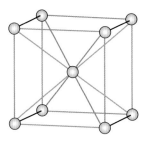

图 5.5 体心立方结构

体心立方体系中结合能可表示为

$$E(x) = \frac{1}{2} \sum_{(m,n,\ell) \neq (0,0,0)} \Phi\left(\sqrt{\frac{4}{3}(m^2 + n^2 + \ell^2)x}\right)$$
$$+ \frac{1}{2} \sum_{m,n,\ell} \Phi\left(\sqrt{\frac{4}{3}\left[(m-\frac{1}{2})^2 + (n-\frac{1}{2})^2 + (\ell-\frac{1}{2})\right]x}\right). \tag{5.26}$$

从原来的配位数函数看出, 差值 $b(2) - b(1)$ 比较小. 这就导致等效配位数函数集合 $\{B(n)\}$ 有较大扩张, 增添了许多虚格点. 从表 5.3 可看出, 晶格反演中前 20 项等效配位数中有 12 项为零, 即前 20 个原子壳中有 12 个为虚格点所组成. 因此, 体心立方晶体中原子相互作用势比较复杂, 它可表示为

$$\Phi(x) = \frac{1}{4}E(x) - \frac{3}{16}E\left(\sqrt{\frac{4}{3}}x\right) + \frac{9}{64}E\left[\frac{4}{3}x\right] - \frac{27}{256}E\left[\sqrt{\frac{64}{27}}x\right]$$
$$- \frac{3}{8}E\left(\sqrt{\frac{8}{3}}x\right) + \frac{81}{1024}E\left[\frac{16}{9}x\right] + \frac{9}{16}E\left[\sqrt{\frac{32}{9}}x\right]$$
$$- \frac{3}{4}E\left(\sqrt{\frac{11}{3}}x\right) - \frac{1}{4}E(2x) - \frac{243}{4096}E\left[\sqrt{\frac{1024}{243}}x\right]$$
$$- \frac{81}{128}E\left[\sqrt{\frac{128}{27}}x\right] + \frac{9}{8}E\left[\sqrt{\frac{44}{9}}x\right] + \cdots. \tag{5.27}$$

上式中带方括号的项都是虚格点引起的, 这有点像光谱中的鬼线, 可以称为 "鬼格点". 体心结构中有鬼格点多的麻烦, 一般书中不曾提起晶体结构中隐藏的乘法半群, 对此也就简略过去了.

表 5.3　体心立方结构格点间距、配位数及其逆

n	1	2	3	4	5	6	7	8	9	10
$B^2(n)$	1	$\dfrac{4}{3}$	$\dfrac{16}{9}$	$\dfrac{64}{27}$	$\dfrac{8}{3}$	$\dfrac{256}{81}$	$\dfrac{32}{9}$	$\dfrac{11}{3}$	4	$\dfrac{1024}{243}$
$R(n)$	8	6	0	0	12	0	0	24	8	0
$R^{-1}(n)$	$\dfrac{1}{8}$	$\dfrac{-3}{32}$	$\dfrac{9}{128}$	$\dfrac{-27}{512}$	$\dfrac{-3}{16}$	$\dfrac{81}{2048}$	$\dfrac{9}{32}$	$\dfrac{-3}{8}$	$\dfrac{-1}{8}$	$\dfrac{-243}{8192}$
n	11	12	13	14	15	16	17	18	19	20
$B^2(n)$	$\dfrac{128}{27}$	$\dfrac{44}{9}$	$\dfrac{16}{3}$	$\dfrac{4096}{729}$	$\dfrac{512}{81}$	$\dfrac{19}{3}$	$\dfrac{176}{27}$	$\dfrac{20}{3}$	$\dfrac{64}{9}$	$\dfrac{16384}{2187}$
$R(n)$	0	0	6	0	0	24	0	24	0	0
$R^{-1}(n)$	$\dfrac{-81}{256}$	$\dfrac{9}{16}$	$\dfrac{3}{32}$	$\dfrac{729}{32768}$	$\dfrac{81}{256}$	$\dfrac{-3}{8}$	$\dfrac{-81}{128}$	$\dfrac{-3}{8}$	$\dfrac{27}{128}$	$\dfrac{-2187}{131072}$

例 5.7　$L1_2$ 结构中的交叉势.

Ni$_3$Al 这类有序合金具有 $L1_2$ 结构, 如图 5.6 所示, 其中最近邻原子间距为 x, Al 的子晶格为简立方, Ni 的子晶格为体心立方. 二元金属间化合物中平均每原子的结合能可表示为三项部分结合能之和:

$$E^{\text{Ni}_3\text{Al}}(x) = \frac{1}{4}E^{\text{Al}-\text{Al}}(x) + \frac{3}{4}E^{\text{Ni}-\text{Ni}}(x) + \frac{1}{4}E^{\text{Ni}-\text{Al}}(x), \tag{5.28}$$

其中处于 "顶角" 位的 Al 原子间相互作用对结合能的贡献 $E^{\text{Al}-\text{Al}}(x)$ 为

$$E^{\text{Al}-\text{Al}}(x) = \frac{1}{2} \sum_{(m,n,\ell) \neq (0,0,0)} \Phi_{\text{Al}-\text{Al}}\left(\sqrt{2(m^2+n^2+\ell^2)}x\right), \tag{5.29}$$

图 5.6　Ni$_3$Al 结构

处于 "面心" 位的 Ni 原子间相互作用对结合能的贡献 $E^{\mathrm{Ni-Ni}}(x)$ 为

$$
\begin{aligned}
&E^{\mathrm{Ni-Ni}}(x)\\
&= \frac{1}{2}\sum_{m,n,\ell}\Phi_{\mathrm{Ni-Ni}}\left(\sqrt{\left[\left(m-\frac{1}{2}\right)^2+\left(n-\frac{1}{2}\right)^2+2\left(\ell-\frac{1}{2}\right)^2\right]x}\right)\\
&\quad+\frac{1}{2}\sum_{(m,n,\ell)\neq(0,0,0)}\Phi_{\mathrm{Ni-Ni}}\left(\sqrt{m^2+n^2+2\ell^2}\,x\right).
\end{aligned}\tag{5.30}
$$

上面两式中的 $\Phi_{\mathrm{Al-Al}}(x)$ 和 $\Phi_{\mathrm{Ni-Ni}}(x)$ 用上一节的结果.

由不同原子交叉相互作用势构成的部分结合能为

$$
E^{\mathrm{Ni-Al}}(x)=3\sum_{m,n,\ell}\Phi_{\mathrm{Ni-Al}}\left(\sqrt{2\left[\left(m-\frac{1}{2}\right)^2+\left(n-\frac{1}{2}\right)^2+\ell^2\right]x}\right).\tag{5.31}
$$

由于金属间化合物 $\mathrm{Ni_3Al}$ 的总结合能可以用第一性原理计算, 前面两个部分结合能 $E^{\mathrm{Al-Al}}(x)$ 和 $E^{\mathrm{Ni-Ni}}(x)$ 又可以分别由上一节给出的 $\Phi_{\mathrm{Al-Al}}(x)$ 和 $\Phi_{\mathrm{Ni-Ni}}(x)$ 算出. 因此, 交叉部分结合能 $E^{\mathrm{Ni-Al}}(x)$ 可从 (5.28) 式求得, 通过反演即获得交叉势 $\Phi_{\mathrm{Ni-Al}}(x)$.

5.4　固溶体中的原子势与长程序

前面讲的晶格反演的对象都是完全有序结构. 在材料物理领域实际碰到的多是无序结构, 最典型的就是固溶体 (图 5.7 是 Ni-Al 固溶体的相图). 文献中的固溶体模型主要有替代型和间隙型两种. 由于理论和实验研究的复杂和困难, 多数研究

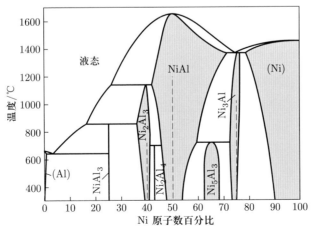

图 5.7　Ni–Al 固溶体的相图

集中在替代合金上. Walle 和 Ceder 曾指出, 长期以来, 替代合金相图 (例如图 5.7) 的第一性原理计算的主要困难就是计算无序合金的晶格振动. 统计物理源于 19 世纪末, 比晶体物理发展要早. 那时对有序 – 无序转变只能简单地用组态熵 (结构熵) 的变化来估算, 单从组态熵对自由能的贡献来估算相变温度就得到不少成功. 那时认为相变开始前, 即 $T = 0$ K 时体系完全有序, 组态熵取值为零; 而相变过程结束时, 认为体系完全无序, 组态熵完全由固溶体 (二元) 组分决定为

$$S_{\text{config}} = -k \left[c \ln c + (1 - c) \ln(1 - c) \right]. \tag{5.32}$$

20 世纪 80 年代后, 对于 $T = 0$ K 且组分符合化学计量比的情况, 内能和振动熵也是可以算的. 但是, 一直到 20 世纪 90 年代, 人们对于如何计算无序态的内能和振动熵仍然束手无策. 物理界在 1990 年开始估计到, 振动熵并不小于组态熵, 但相变前后振动熵之差又小于组态熵之差. 典型的振动熵之差大约为 $0.1 \sim 0.2k$, 而组态熵之差一般差不多等于或略小于 $0.693k$. 振动熵对转变温度的贡献大致不超过 30%. 看来, 过去只考虑组态熵, 定性结果是碰巧对了. 一般情况下, 组态熵之差比较大. 有趣的是, 会不会出现振动熵之差占比更大的情况呢?

一般而言, 合金中原子排列是无序的, 如图 5.7 和 5.8 所示, 但是, 同一相区中每一个合金相的 X 射线衍射表明, 合金仍有确定的晶格对称. 这充分说明, 合金中的无序性与有序性是共存的, 合金中存在有序 – 无序两象性. 传统的无序近似、超胞近似、虚晶近似都不能解释这个两象性问题. 这里对固溶体合金的微观结构提出一个新的改良模型. 为了说明问题, 先以组分为 $1:1$ 的合金 $\text{Ni}_{1.0}\text{Al}_{1.0}$ 为例, 讨论它从 $T = 0$ K 开始逐渐升温时相变的过程. 在 $T = 0$ K 时, 合金呈完全有序结构, 它有两个子晶格, 一个子晶格的格点全部为 Ni 原子占据, 另一个子晶格的格点全部为 Al 原子占据. 这里把合金原子分布组态写成两个子晶格组态的合成:

$$\text{NiAl} \xrightarrow{T=0 \text{ K}} (\text{Ni})(\text{Al}).$$

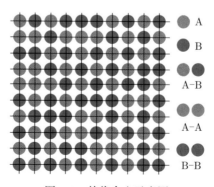

图 5.8 替代合金示意图

这个组态分布清晰地表达出体系的 B_2 结构. 当温度升高后, 两个子晶格的原子通过扩散进行了交换, 动态平衡后可表为

$$\text{NiAl} \xrightarrow{T>0 \text{ K}} (\text{Ni}_{1-x}\text{Al}_x)(\text{Al}_{1-x}\text{Ni}_x). \tag{5.33}$$

上式明确地反映了每个子晶格中组分的变化. 但是, 为了符合 X 射线衍射实验的结果, 这个组态仍应代表一个 B_2 结构. 换言之, 一个子晶格的格点好像只被某种特定的等价原子 α 占据, 另一个子晶格则被另一种特定的等价原子 β 占据. 而且, α 原子的组分必须是 $\text{Ni}_{1-x}\text{Al}_x$, β 原子的组分必须是 $\text{Ni}_x\text{Al}_{1-x}$. 那么, 唯一可能就是, 每一个子晶格中的原子是完全无序分布的. 因此, 可以认为每个子晶格的格点上只有一种完全无序 "混合原子", 一个是 $\alpha \equiv \text{Ni}_{1-x}\text{Al}_x$, 另一个是 $\beta \equiv \text{Ni}_x\text{Al}_{1-x}$. 温度加大到某一个值, 两个子晶格的组分完全一样的时候, 或者说, $\alpha = \beta$ 时, 整个固溶体的组态达到了完全无序, 相变完成, B_2 结构转变为 bcc 结构. 特别要注意的是, 除了开始是全局有序、结尾是全局无序之外, 整个相变过程都处在分部无序, 即每一个子晶格都分别处在完全无序状态. 因此, 我们可以从 $T = 0$ K 时的 (Ni)(Al) 出发, 通过晶格反演计算出这时的 $\Phi_{\text{Ni-Ni}}(r)$, $\Phi_{\text{Al-Al}}(r)$ 和 $\Phi_{\text{Ni-Al}}(r)$, 然后, 按照下列关系计算 $\Phi_{\alpha-\alpha}(r)$, $\Phi_{\beta-\beta}(r)$ 和 $\Phi_{\alpha-\beta}(r)$ (见图 5.9 和图 5.10):

$$\begin{aligned}
\Phi_{\alpha-\alpha}(r) =& (1-x)^2 \Phi_{\text{Ni-Ni}}(r) + x^2 \Phi_{\text{Al-Al}}(r) \\
& + 2x(1-x)\Phi_{\text{Ni-Al}}(r),
\end{aligned} \tag{5.34}$$

$$\begin{aligned}
\Phi_{\beta-\beta}(r) =& (1-x)^2 \Phi_{\text{Al-Al}}(r) + x^2 \Phi_{\text{Ni-Ni}}(r) \\
& + 2x(1-x)\Phi_{\text{Ni-Al}}(r),
\end{aligned} \tag{5.35}$$

$$\begin{aligned}
\Phi_{\alpha-\beta}(r) =& x(1-x)\Big[\Phi_{\text{Ni-Ni}}(r) + \Phi_{\text{Al-Al}}(r)\Big] \\
& + \Big[(1-x)^2 + x^2\Big]\Phi_{\text{Ni-Al}}(r).
\end{aligned} \tag{5.36}$$

由此, 两个子晶格原子交换达到 x 时固溶体 NiAl 的结合能为

$$\begin{aligned}
E^x(r) =& \frac{1}{2} \sum_{(m,n,\ell)\neq(0,0,0)} \Phi_{\alpha-\alpha}^x\Big(\sqrt{\frac{4}{3}(m^2+n^2+\ell^2)}\,r\Big) \\
& + \frac{1}{2} \sum_{(m,n,\ell)\neq(0,0,0)} \Phi_{\beta-\beta}^x\Big(\sqrt{\frac{4}{3}(m^2+n^2+\ell^2)}\,r\Big) \\
& + \sum_{m,n,\ell} \Phi_{\alpha-\beta}^x\Big(\sqrt{\frac{4}{3}\Big[(m-\tfrac{1}{2})^2+(n-\tfrac{1}{2})^2+(\ell-\tfrac{1}{2})^2\Big]}\,r\Big),
\end{aligned} \tag{5.37}$$

其中 r 代表等效原子最近邻间距. 结合能对 x 的依赖, 其实也是对温度依赖的表现. 实际上, 把结合能 $E^x(r)$ 中谷底值随 x 变化的关系和 $C_V(T)$ 对温度的积分对

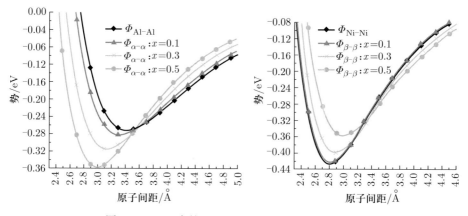

图 5.9　NiAl 中的 $\Phi_{\alpha-\alpha}(r), \Phi_{\beta-\beta}(r)$ 随 x 的变化

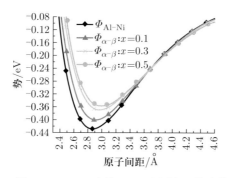

图 5.10　NiAl 中的 $\Phi_{\alpha-\beta}(r)$ 随 x 的变化

照一下, 就可以大致看出 x 和 T 之间的紧密关联. 这里假定相变过程中只有上述长程有序起主导作用.

　　虽然分部无序与全局无序之间存在差别, 但在固溶体组分为 $1:1$ 时, 组态熵与 x 的关系仍然很简单:

$$S_{\text{config}}(x) = -k\Big[x\ln x + (1-x)\ln(1-x)\Big]. \tag{5.38}$$

计算结果表明, $\alpha - \alpha$ 之间的相互作用曲线的谷底随着 x 的增加而加深, 并且向左移动. $\beta - \beta$ 之间的势曲线谷底变化趋势则相反, 交叉势也是这样, 但变化小些. 由此可以算出 x 不同时的内能和声子能态密度, 由后者又可得到振动熵. 图 5.11 和图 5.12 分别给出了 NiAl 相区 B_2 合金的结合能与声子频谱, 以及振动熵与组态熵. 结合能变化差不多是抛物线, 温度很低时增加得快, 接近完全无序时增加得慢, 内能随温度增高而增高, 结合能随之降低. 声子能态密度在 $x = 0$ 时, 明显有两个大峰, 随着 x 的增加, 两个峰有并合倾向. 知道声子能态密度, 即可计算等容比热随温

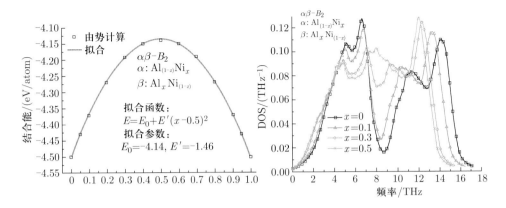

图 5.11　NiAl 相区 B_2 合金结合能与声子频谱

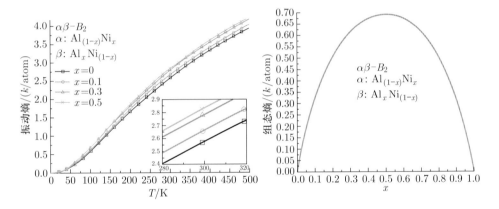

图 5.12　NiAl 相区 B_2 合金的振动熵与组态熵

度的变化, 由此可以得到振动熵. 振动熵随温度一直缓慢上升, 组态熵则有极大值. 计算的晶格常数、体弹性模量、结合能等如表 5.4 所示.

表 5.4　NiAl 性能

x	0	0.05	0.1	0.2	0.3	0.4	0.5
$a/\text{Å}$	2.880	2.8852	2.886	2.8937	2.8974	2.8998	2.9006
$E_0/(\text{eV/atom})$	-4.50	-4.43	-4.37	-4.27	-4.19	-4.15	-4.14
B/GPa	156	153	150	145	142	140	139

　　到了 20 世纪 90 年代, 国际上对此问题的研究有了很大进展. 但是, 讨论仅限于组分具有化学计量比的合金固溶体. 另外, 即使有了原子相互作用势, 由于原子排布不明确, 对材料性质包括振动熵在内的原子级模拟也难以处理. 再则, 组态熵

的计算也不符合有序 – 无序二象性. 所有这些困难, 都是源自对固溶体结构中有序 – 无序二象性了解的缺失. 下面讨论一个没有简单化学计量比的例子, 即考虑 NiAl 相区内一合金 $Ni_{55}Al_{45}$. 当 $T = 0\,K$ 时, 它的组态可写成 $\alpha\beta \equiv (Ni)(Ni_{0.1}Al_{0.9})$, 温度升高后就成为 $\alpha\beta \equiv (Ni_{1-x}Al_x)(Ni_{0.1+x}Al_{0.9-x})$. 有关振动熵和组态熵的计算照样可以进行. 实际情况还要考虑多体势和其他类型的有序 – 无序, 这里不去涉及.

回 头 看

1980 年 CGE 方法的出现开辟了从结合能曲线导出原子间等效势的道路. 1997 年的晶格反演定理 (定理 5.2) 把 CGE 公式中极为复杂的多重无限求和简化为一次性求和, 这意味着一大堆振荡项之间发生了精致微妙的相互抵消. 而这居然与格点间距隐藏着的半群有关, 这又一次体现出对偶关系的高效和美感 [Baz97b]. 上述晶体中的等效原子相互作用对势是随结构不同而变化的. 实际应用时, 常忽视这个要求, 值得注意.

但是, 数学上一定会问, 结合能 $E(x)$ 应该满足什么条件才能使反演级数既存在还收敛. 对长程力而言, 例如离子晶体中的 Coulomb 势, 上述逆问题就是病态的, 或不适定的, 因为结合能表达式中的级数是条件收敛的, 级数收敛到何处对求和次序十分敏感. 对于共价键或金属键固体, 我们对收敛性不必很担心, 因为我们对第一性原理结合能的长程尾巴和反演势的长程尾巴没有严格要求.

另外, 无论是 CGE 或所谓 CM (Chen-Möbius) 方法, 都仅适用于结合能随体积变化的曲线, 而不适用于切变和内部原子重排不影响到体积的变化. 这就涉及切变情况下的第一性原理计算. 再有, 由于 $E(\Phi)$ 是线性泛函, 若要讨论角度相关的势, 或者对势以外的多体势, 必定要涉及非线性项. 这对共价键固体十分重要. 科学家在这些方面还在努力探索之中.

附录 5.1   几类常见晶体结构的反演系数表

表 5.5   面心立方晶体格点间距、配位数及其逆

n	1	2	3	4	5	6	7	8	9	10
$B(n)$	1	$\sqrt{2}$	$\sqrt{3}$	2	$\sqrt{5}$	$\sqrt{6}$	$\sqrt{7}$	$\sqrt{8}$	3	$\sqrt{10}$
$R(n)$	12	6	24	12	24	8	48	6	36	24
$R^{-1}(n)$	$\frac{1}{12}$	$\frac{-1}{24}$	$\frac{-1}{6}$	$\frac{-1}{16}$	$\frac{-1}{6}$	$\frac{1}{9}$	$\frac{-1}{3}$	$\frac{1}{32}$	$\frac{1}{12}$	0

（续表）

n	11	12	13	14	15	16	17	18	19	20
$B(n)$	$\sqrt{11}$	$\sqrt{12}$	$\sqrt{13}$	$\sqrt{14}$	$\sqrt{15}$	4	$\sqrt{17}$	$\sqrt{18}$	$\sqrt{19}$	$\sqrt{20}$
$R(n)$	24	24	72	0	48	12	48	30	72	24
$R^{-1}(n)$	$\frac{-1}{6}$	$\frac{7}{72}$	$\frac{-1}{2}$	$\frac{1}{3}$	$\frac{1}{3}$	$\frac{-1}{64}$	$\frac{-1}{3}$	$\frac{-17}{72}$	$\frac{-1}{2}$	$\frac{5}{24}$
n	21	22	23	24	25	26	27	28	29	30
$B(n)$	$\sqrt{21}$	$\sqrt{22}$	$\sqrt{23}$	$\sqrt{24}$	$\sqrt{25}$	4	$\sqrt{27}$	$\sqrt{28}$	$\sqrt{29}$	$\sqrt{30}$
$R(n)$	48	24	48	8	84	24	96	48	24	0
$R^{-1}(n)$	1	0	$\frac{-1}{3}$	$\frac{-5}{72}$	$\frac{-1}{4}$	$\frac{1}{3}$	$\frac{-1}{3}$	$\frac{1}{12}$	$\frac{-1}{6}$	$\frac{2}{9}$

表 5.6　体心立方晶体格点间距、配位数及其逆

n	1	2	3	4	5	6	7	8	9	10
$B^2(n)$	1	$\frac{4}{3}$	$\frac{16}{9}$	$\frac{64}{27}$	$\frac{8}{3}$	$\frac{256}{81}$	$\frac{32}{9}$	$\frac{11}{3}$	4	$\frac{1024}{243}$
$R(n)$	8	6	0	0	12	0	0	24	8	0
$R^{-1}(n)$	$\frac{1}{8}$	$\frac{-3}{32}$	$\frac{9}{128}$	$\frac{-27}{512}$	$\frac{-3}{16}$	$\frac{81}{2048}$	$\frac{9}{32}$	$\frac{-3}{8}$	$\frac{-1}{8}$	$\frac{-243}{8192}$
n	11	12	13	14	15	16	17	18	19	20
$B^2(n)$	$\frac{128}{27}$	$\frac{44}{9}$	$\frac{16}{3}$	$\frac{4096}{729}$	$\frac{512}{81}$	$\frac{19}{3}$	$\frac{176}{27}$	$\frac{20}{3}$	$\frac{64}{9}$	$\frac{16384}{2187}$
$R(n)$	0	0	6	0	0	24	0	24	0	0
$R^{-1}(n)$	$\frac{-81}{256}$	$\frac{9}{16}$	$\frac{-1}{2}$	$\frac{729}{32768}$	$\frac{81}{256}$	$\frac{-3}{8}$	$\frac{-81}{128}$	$\frac{-3}{8}$	$\frac{27}{128}$	$\frac{-2187}{131072}$
n	21	22	23	24	25	26	27	28	29	30
$B^2(n)$	8	$\frac{2048}{243}$	$\frac{76}{9}$	$\frac{704}{81}$	$\frac{80}{9}$	9	$\frac{256}{27}$	$\frac{88}{9}$	$\frac{65536}{6561}$	$\frac{32}{3}$
$R(n)$	24	0	0	0	0	32	0	0	0	12
$R^{-1}(n)$	$\frac{-3}{8}$	$\frac{-1215}{4096}$	$\frac{9}{16}$	$\frac{81}{128}$	$\frac{9}{16}$	$\frac{-1}{2}$	$\frac{-297}{512}$	$\frac{9}{8}$	$\frac{6561}{524288}$	$\frac{3}{4}$

表 5.7　理想 HCP 晶体格点间距、配位数及其逆

n	1	2	3	4	5	6	7	8	9	10
$B^2(n)$	1	2	$\dfrac{8}{3}$	3	$\dfrac{11}{3}$	4	5	$\dfrac{16}{3}$	$\dfrac{17}{3}$	6
$R(n)$	12	6	2	18	12	6	12	0	12	6
$R^{-1}(n)$	$\dfrac{1}{12}$	$\dfrac{-1}{24}$	$\dfrac{-1}{72}$	$\dfrac{-1}{8}$	$\dfrac{-1}{12}$	$\dfrac{-1}{48}$	$\dfrac{-1}{12}$	$\dfrac{1}{72}$	$\dfrac{-1}{12}$	$\dfrac{1}{12}$
n	11	12	13	14	15	16	17	18	19	20
$B^2(n)$	$\dfrac{19}{3}$	$\dfrac{20}{3}$	7	$\dfrac{64}{9}$	$\dfrac{22}{3}$	8	$\dfrac{25}{3}$	9	$\dfrac{29}{3}$	$\dfrac{88}{9}$
$R(n)$	6	12	24	0	6	12	12	24	0	12
$R^{-1}(n)$	$\dfrac{-1}{24}$	$\dfrac{-1}{12}$	$\dfrac{-1}{6}$	$\dfrac{1}{432}$	$\dfrac{1}{24}$	$\dfrac{7}{96}$	$\dfrac{-1}{12}$	$\dfrac{5}{48}$	$\dfrac{-1}{6}$	$\dfrac{1}{30}$

表 5.8　金刚石结构晶体格点间距、配位数及其逆

n	1	2	3	4	5	6	7	8	9	10
$B^2(n)$	1	$\dfrac{8}{3}$	$\dfrac{11}{3}$	$\dfrac{16}{3}$	$\dfrac{19}{3}$	$\dfrac{64}{9}$	8	9	$\dfrac{88}{9}$	$\dfrac{32}{3}$
$R(n)$	4	12	12	6	12	0	24	16	0	12
$R^{-1}(n)$	$\dfrac{1}{4}$	$\dfrac{-3}{4}$	$\dfrac{-3}{4}$	$\dfrac{-3}{8}$	$\dfrac{-3}{4}$	$\dfrac{9}{4}$	$\dfrac{-3}{2}$	-1	$\dfrac{9}{2}$	$\dfrac{-3}{4}$
n	11	12	13	14	15	16	17	18	19	20
$B^2(n)$	$\dfrac{35}{3}$	$\dfrac{40}{3}$	$\dfrac{121}{9}$	$\dfrac{128}{9}$	$\dfrac{43}{3}$	16	$\dfrac{152}{9}$	17	$\dfrac{56}{3}$	$\dfrac{512}{27}$
$R(n)$	24	24	0	0	12	8	0	24	48	0
$R^{-1}(n)$	$\dfrac{-3}{2}$	$\dfrac{-3}{2}$	$\dfrac{9}{4}$	$\dfrac{9}{4}$	$\dfrac{-3}{4}$	$\dfrac{-1}{2}$	$\dfrac{9}{2}$	$\dfrac{-3}{2}$	-3	$\dfrac{-27}{4}$

表 5.9　$L1_0$ 晶体交叉势反演

n	1	2	3	4	5	6	7	8	9	10
$B^2(n)$	1	3	5	7	9	11	13	15	17	19
$R(n)$	8	16	16	32	24	16	48	32	32	48
$R^{-1}(n)$	$\dfrac{1}{8}$	$\dfrac{-1}{4}$	$\dfrac{-1}{6}$	$\dfrac{-1}{2}$	$\dfrac{1}{8}$	$\dfrac{-1}{4}$	$\dfrac{-3}{4}$	$\dfrac{1}{2}$	$\dfrac{-1}{2}$	$\dfrac{-3}{4}$
n	11	12	13	14	15	16	17	18	19	20
$B^2(n)$	21	23	25	27	29	31	33	35	37	39
$R(n)$	32	32	56	64	16	64	64	32	80	32
$R^{-1}(n)$	$\dfrac{3}{2}$	$\dfrac{-1}{2}$	$\dfrac{-3}{8}$	$\dfrac{-1}{2}$	$\dfrac{-1}{4}$	-1	0	$\dfrac{3}{2}$	$\dfrac{-5}{4}$	$\dfrac{5}{2}$

表 5.10　$L1_2$ 晶体交叉势反演

n	1	2	3	4	5	6	7	8	9	10
$B^2(n)$	1	3	5	7	9	11	13	15	17	19
$R(n)$	12	24	24	48	36	24	72	48	48	72
$R^{-1}(n)$	$\dfrac{1}{12}$	$\dfrac{-1}{6}$	$\dfrac{-1}{6}$	$\dfrac{-1}{3}$	$\dfrac{1}{12}$	$\dfrac{-1}{6}$	$\dfrac{-1}{2}$	$\dfrac{1}{3}$	$\dfrac{1}{3}$	$\dfrac{-1}{2}$
n	11	12	13	14	15	16	17	18	19	20
$B^2(n)$	21	23	25	27	29	31	33	35	37	39
$R(n)$	48	48	84	96	24	96	96	48	120	48
$R^{-1}(n)$	1	$\dfrac{-1}{3}$	$\dfrac{-1}{6}$	$\dfrac{-1}{4}$	$\dfrac{-1}{3}$	$\dfrac{-1}{6}$	$\dfrac{-2}{3}$	0	1	$\dfrac{-5}{6}$
n	21	22	23	24	25	26	27	28	29	30
$B^2(n)$	41	43	45	47	49	51	53	55	57	59
$R(n)$	48	120	120	96	108	48	72	144	96	72
$R^{-1}(n)$	$\dfrac{1}{3}$	$\dfrac{-5}{6}$	$\dfrac{-1}{2}$	$\dfrac{-2}{3}$	$\dfrac{7}{12}$	1	$\dfrac{-1}{2}$	$\dfrac{-1}{3}$	$\dfrac{3}{4}$	$\dfrac{1}{2}$

表 5.11　$NaCl(B_1)$ 型晶体交叉势反演

n	1	2	3	4	5	6	7	8	9	10
$B^2(n)$	1	$\dfrac{4}{3}$	5	9	11	13	15	17	19	21
$R(n)$	6	8	24	30	24	24	0	48	24	48
$R^{-1}(n)$	$\dfrac{1}{6}$	$\dfrac{-2}{9}$	$\dfrac{-2}{3}$	$\dfrac{-29}{54}$	$\dfrac{-2}{3}$	$\dfrac{-2}{3}$	$\dfrac{16}{9}$	$\dfrac{-4}{3}$	$\dfrac{-2}{3}$	$\dfrac{4}{3}$
n	11	12	13	14	15	16	17	18	19	20
$B^2(n)$	25	27	29	33	35	37	39	41	43	45
$R(n)$	30	32	72	48	48	24	0	96	24	72
$R^{-1}(n)$	$\dfrac{11}{6}$	$\dfrac{76}{81}$	-2	$\dfrac{4}{9}$	$\dfrac{-4}{3}$	$\dfrac{-2}{3}$	$\dfrac{16}{9}$	$\dfrac{-8}{3}$	$\dfrac{-2}{3}$	$\dfrac{10}{9}$
n	21	22	23	24	25	26	27	28	29	30
$B^2(n)$	49	51	53	55	57	59	61	63	65	67
$R(n)$	54	48	72	0	48	72	72	0	96	24
$R^{-1}(n)$	$\dfrac{-2}{3}$	$\dfrac{20}{9}$	-2	$\dfrac{16}{3}$	$\dfrac{4}{9}$	-2	-2	$\dfrac{32}{9}$	$\dfrac{8}{3}$	$\dfrac{-2}{3}$

表 5.12　CsCl(B_2) 型晶体交叉势反演

n	1	2	3	4	5	6	7	8	9	10
$B^2(n)$	1	$\frac{11}{3}$	$\frac{19}{3}$	9	$\frac{35}{3}$	$\frac{121}{9}$	$\frac{43}{3}$	17	$\frac{59}{3}$	$\frac{67}{3}$
$R(n)$	8	24	24	32	48	0	24	48	72	24
$R^{-1}(n)$	$\frac{1}{8}$	$\frac{-3}{8}$	$\frac{-3}{8}$	$\frac{-1}{2}$	$\frac{-3}{4}$	$\frac{9}{8}$	$\frac{-3}{8}$	$\frac{-3}{4}$	$\frac{-9}{8}$	$\frac{-3}{8}$
n	11	12	13	14	15	16	17	18	19	20
$B^2(n)$	$\frac{209}{9}$	25	$\frac{83}{3}$	$\frac{91}{3}$	33	$\frac{107}{3}$	$\frac{115}{3}$	$\frac{361}{9}$	41	$\frac{385}{9}$
$R(n)$	0	56	72	48	72	72	48	0	48	0
$R^{-1}(n)$	$\frac{9}{4}$	$\frac{-7}{8}$	$\frac{-9}{8}$	$\frac{-3}{4}$	$\frac{15}{8}$	$\frac{-9}{8}$	$\frac{-3}{4}$	$\frac{9}{8}$	$\frac{-3}{4}$	$\frac{9}{2}$

表 5.13　闪锌矿 (B_3) 型晶体交叉势反演

n	1	2	3	4	5	6	7	8	9	10
$B^2(n)$	1	$\frac{11}{3}$	$\frac{19}{3}$	9	$\frac{35}{3}$	$\frac{121}{9}$	$\frac{43}{3}$	17	$\frac{59}{3}$	$\frac{67}{3}$
$R(n)$	4	12	12	16	24	0	12	24	36	12
$R^{-1}(n)$	$\frac{1}{4}$	$\frac{-3}{4}$	$\frac{-3}{4}$	-1	$\frac{-3}{2}$	$\frac{9}{4}$	$\frac{-3}{4}$	$\frac{-3}{2}$	$\frac{-9}{4}$	$\frac{-3}{4}$
n	11	12	13	14	15	16	17	18	19	20
$B^2(n)$	$\frac{209}{9}$	25	$\frac{83}{3}$	$\frac{91}{3}$	33	$\frac{107}{3}$	$\frac{115}{3}$	$\frac{361}{9}$	41	$\frac{385}{9}$
$R(n)$	0	28	36	24	36	36	24	0	24	0
$R^{-1}(n)$	$\frac{9}{2}$	$\frac{-7}{4}$	$\frac{-9}{4}$	$\frac{-3}{2}$	$\frac{15}{4}$	$\frac{-9}{4}$	$\frac{-3}{2}$	$\frac{9}{4}$	$\frac{-3}{2}$	9

表 5.14　铅锌矿 (B_4) 型晶体交叉势反演

n	1	2	3	4	5	6	7	8	9	10
$B^2(n)$	1	$\frac{25}{9}$	$\frac{11}{3}$	$\frac{49}{9}$	$\frac{19}{3}$	$\frac{625}{81}$	9	$\frac{89}{9}$	$\frac{275}{27}$	$\frac{97}{9}$
$R(n)$	4	1	9	6	9	0	9	3	0	6
$R^{-1}(n)$	$\frac{1}{4}$	$\frac{-1}{16}$	$\frac{-9}{16}$	$\frac{-3}{8}$	$\frac{-9}{16}$	$\frac{1}{64}$	$\frac{-9}{16}$	$\frac{-3}{16}$	$\frac{9}{32}$	$\frac{-3}{8}$
n	11	12	13	14	15	16	17	18	19	20
$B^2(n)$	$\frac{35}{3}$	$\frac{113}{9}$	$\frac{121}{9}$	$\frac{43}{3}$	$\frac{1225}{81}$	$\frac{137}{9}$	$\frac{145}{9}$	17	$\frac{475}{27}$	$\frac{169}{9}$
$R(n)$	0	28	36	24	36	36	24	0	24	0
$R^{-1}(n)$	$\frac{9}{2}$	$\frac{-7}{4}$	$\frac{-9}{4}$	$\frac{-3}{2}$	$\frac{15}{4}$	$\frac{-9}{4}$	$\frac{-3}{2}$	$\frac{9}{4}$	$\frac{-3}{2}$	9

表 5.15　DO_3 型晶体交叉势反演

n	1	2	3	4	5	6	7	8
$B^2(n)$	1	$\dfrac{4}{3}$	$\dfrac{16}{9}$	$\dfrac{64}{27}$	$\dfrac{256}{81}$	$\dfrac{11}{3}$	4	$\dfrac{1024}{243}$
$R(n)$	8	6	0	0	0	24	8	9
$R^{-1}(n)$	$\dfrac{1}{8}$	$\dfrac{-3}{32}$	$\dfrac{9}{128}$	$\dfrac{-27}{512}$	$\dfrac{81}{2048}$	$\dfrac{-3}{8}$	$\dfrac{-1}{8}$	$\dfrac{-243}{8192}$
n	9	10	11	12	13	14	15	16
$B^2(n)$	$\dfrac{44}{9}$	$\dfrac{16}{3}$	$\dfrac{4096}{729}$	$\dfrac{19}{3}$	$\dfrac{176}{27}$	$\dfrac{20}{3}$	$\dfrac{64}{9}$	$\dfrac{16384}{2187}$
$R(n)$	0	0	0	24	0	24	0	0
$R^{-1}(n)$	$\dfrac{9}{16}$	$\dfrac{3}{16}$	$\dfrac{729}{32768}$	$\dfrac{-3}{128}$	$\dfrac{-81}{128}$	$\dfrac{-3}{8}$	$\dfrac{-27}{128}$	$\dfrac{-2187}{131072}$
n	17	18	19	20	21	22	23	24
$B^2(n)$	$\dfrac{76}{9}$	$\dfrac{704}{81}$	$\dfrac{80}{9}$	9	$\dfrac{256}{27}$	$\dfrac{65536}{6561}$	$\dfrac{304}{27}$	$\dfrac{2816}{243}$
$R(n)$	0	0	0	32	0	0	0	0
$R^{-1}(n)$	$\dfrac{9}{16}$	$\dfrac{81}{128}$	$\dfrac{9}{16}$	$\dfrac{-1}{2}$	$\dfrac{27}{128}$	$\dfrac{6561}{524288}$	$\dfrac{-81}{128}$	$\dfrac{-1215}{2048}$

附录 5.2　关于稀土与锕系元素的计算

　　对稀土及锕系金属的单元素的第一性原理计算遇到严重的不稳定困难, 相应的金属间化合物, 连实验数据都极其稀少, 没有半经验的结合能规律可循. 因此笔者对各种可能的虚拟结构进行了第一性原理计算可行性的探索和分析. 结果发现, 从面心立方出发得到同种原子间相互作用势, 由此进一步通过 B_2 结构的计算得到一套异种原子相互作用势, 再大胆假设 (而未经小心求证) 这些势可以有效地传递到其他各种结构, 由此就可算得有关稀土及锕系金属间化合物中原子相互作用势的大量粗糙的有用参数, 得到了许多难得的结果. 有些结果和实验定性或半定量地符合, 例如择优代位、成分变化导致的结构变化等, 但是对声子谱的计算等就显得极不可靠. 2000 年以前, 人们对稀土材料中的原子相互作用一无所知, 上述做法有一定意义. 现在, 可能要利用强关联理论和机器学习的进步, 做出新的发展.

　　稀土与锕系元素的计算中, 随着晶格常数的增大, 总能数值波动很大, 求得一个粗糙的总能曲线成了很大的问题. 近年来, 密度泛函理论 +U 和杂化泛函方法、Gutzwiller 变分方法、动力学平均场理论、强关联体系的第一性原理计算都有了一定的进步, 但要达到对于任意结构的稀土与锕系材料进行计算, 仍存在着很宽阔的未知空间. 对于材料工作者而言, 在 CASTEP 的计算中, 局域密度泛函的形式很多, 如 GGA, LDA, LSDA, 能量最小化的途径也很多, 例如密度混合、逐能带 (Band by Band)、全能带. 即使最简单的结构, 多数计算也都归于失败 (图 5.13), 计算成功的结构相当有限. 在大量摸索的过程中, 申江发现 [Shen2001], 对于特殊结构 (例如 FCC) 运用正则守恒赝势 LDA, 仍能得到一些波动较小的总能曲线 (图 5.14, 图 5.15). 由此可算出同类稀土原子之间的相互作用势, 见表 5.16. 当然, 这里假定原子势在不同结构中有一定的可转移性或普适性. 进一步的计算表明, 这种经验对锕系元素材料也是有效的, 详见图 5.16 和图 5.17, 以及表 5.17.

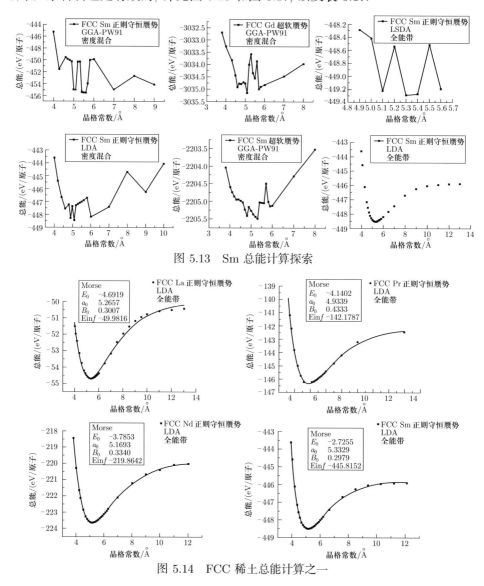

图 5.13　Sm 总能计算探索

图 5.14　FCC 稀土总能计算之一

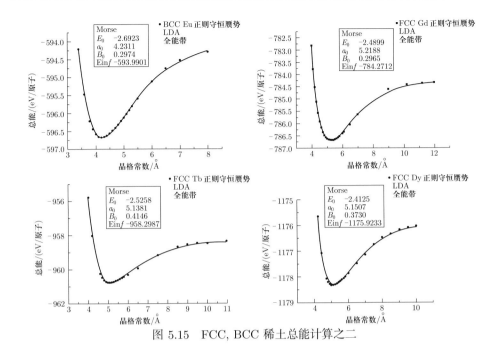

图 5.15   FCC, BCC 稀土总能计算之二

表 5.16   稀土结合能到原子势

名称	结构	$A_0/\text{Å}$	E_0/eV	B_0	$\Longrightarrow$	$R_0/\text{Å}$	α	D_0/eV
La-La	FCC	5.2657	−4.6919	0.3007	$\Longrightarrow$	4.9260	0.6622	0.3022
Pr-Pr	FCC	4.9389	−4.1402	0.4383	$\Longrightarrow$	4.2332	0.8269	0.3276
Nd-Nd	FCC	5.1693	−3.7853	0.3340	$\Longrightarrow$	4.4825	0.7718	0.2908
Sm-Sm	FCC	5.3329	−2.7255	0.2979	$\Longrightarrow$	4.3094	0.8771	0.2534
Eu-Eu	BCC	4.2311	−2.6923	0.2974	$\Longrightarrow$	4.2984	0.8823	0.2535
Gd-Gd	FCC	5.2188	−2.4899	0.2965	$\Longrightarrow$	4.2001	0.9060	0.2343
Tb-Tb	FCC	5.1381	−2.5258	0.4146	$\Longrightarrow$	3.9511	1.062	0.2754
Dy-Dy	FCC	5.1507	−2.4125	0.3730	$\Longrightarrow$	3.9910	1.0307	0.2562
Ho-Ho	FCC	5.0861	−2.3032	0.4416	$\Longrightarrow$	3.8486	1.1453	0.2663
Er-Er	FCC	5.0967	−2.2832	0.3849	$\Longrightarrow$	3.9181	1.0718	0.2492
Tm-Tm	FCC	5.0850	−2.1872	0.3840	$\Longrightarrow$	3.8910	1.0935	0.2427
Yb-Yb	FCC	5.0903	−2.0919	0.3673	$\Longrightarrow$	3.8934	1.0924	0.2325
Lu-Lu	FCC	4.8258	−4.7582	0.5980	$\Longrightarrow$	4.0356	0.8920	0.4016

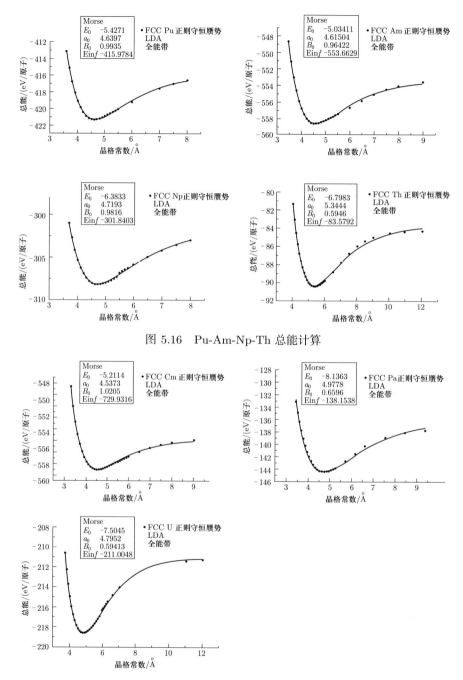

图 5.16　Pu-Am-Np-Th 总能计算

图 5.17　Cm-Pa-U 总能计算

表 5.17　锕系结合能到原子势

名称	结构	$A_0/\text{Å}$	E_0/eV	B_0	$\Longrightarrow$	$R_0/\text{Å}$	α	D_0/eV
Th-Th	FCC	5.3444	–6.7893	0.5946	$\Longrightarrow$	4.5296	0.7824	0.5538
Pa-Pa	FCC	4.9778	–8.1363	0.6596	$\Longrightarrow$	4.5631	0.7245	0.5481
U-U	FCC	4.7952	–7.5046	0.9413	$\Longrightarrow$	4.0297	0.8880	0.6251
Np-Np	FCC	4.7193	–6.3833	0.9816	$\Longrightarrow$	3.8329	0.9782	0.5847
Pu-Pu	FCC	4.6397	–5.4271	0.9935	$\Longrightarrow$	3.6810	1.0609	0.5336
Am-Am	FCC	4.6150	–5.0341	0.9642	$\Longrightarrow$	3.6427	1.0830	0.5030
Cm-Cm	FCC	4.5373	–5.2114	1.0205	$\Longrightarrow$	3.5995	1.0851	0.5125

　　注意, 实验上, Eu 是 BCC 结构, Ce, Yb 是 FCC 结构, La, Pr, Nd 是 HEX 结构, Gd, TB, Dy, Ho, Er, Tm, Lu 是 HCP 结构, 多数情况下计算出来的总能曲线很不光滑. 这时, 将它们化为等密度的 FCC 结构, 并假定 E_0 和 B_0 数值不变, 用 Morse 函数拟合结合能曲线后, 再做反演, 才得到表 5.16 中原子势 (又假定为 Morse 函数) 的参数. 其中假定了两个参数, 算出一个参数. 这样做, 和完善的第一性原理的做法当然不同. 这是 "不得已而为之" 之举, 并留下不少不确定性.

第六章 界面黏结能逆问题

崇山峻岭分界, 溪水洪流相通.

界面在材料中的作用愈来愈重要. 人们从 20 世纪中叶就开始发展测量界面结构的各种实验. 80 年代中期, 人们对界面结构的共格双晶模型进行了第一性原理黏结能曲线的计算. 由此, 如何从黏结能求出界面两侧的原子间相互作用势就成为一个重要命题. 所谓共格双晶模型, 是把界面看作两块被截断的理想晶体在界面处的对接, 而对接处两个格子的二维晶胞正好相同, 每一侧保持原有单一晶体结构不变, 但格子大小已按对接条件有所调整. 图 6.1 为共格与非共格界面模型示意, 图 6.2 所示为几种常见的共格界面结构, 此中复杂程度已不是单一晶格体系所能比拟.

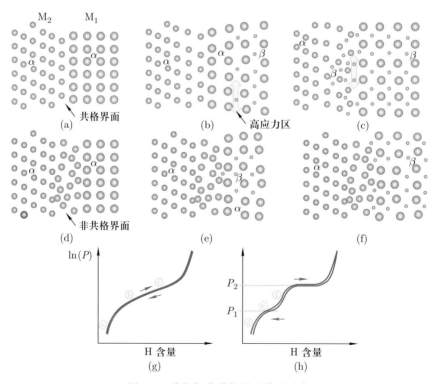

图 6.1 共格与非共格界面模型示意

几十年来, 获取界面势的方法主要有 DCM 方法、拟合法、迭代法. 本章介绍的共格双晶反演法也可看作加性 Möbius 反演的应用.

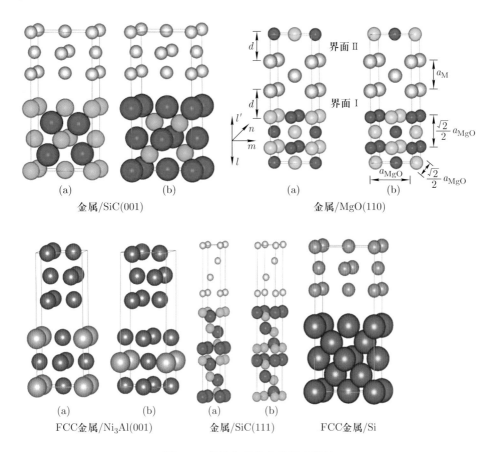

图 6.2 几种典型的共格界面结构

6.1 界面 Möbius 反演方法

6.1.1 加法半群上的 Möbius 反演示意

如图 6.3 所示, 这是一个极为简化的界面模型: 界面两侧分别为 A, B 两类原子组成的半无限晶格. 在此模型中, 两种晶格结构虽然不同, 但它们在界面对接处的晶格常数 a 仍然相同, 所以称为共格模型. 所谓黏结能曲线, 则是保持界面体系两侧的结构不变而仅仅改变界面间距 x 条件下界面两侧之间黏结能的变化 $E(x)$, 其中每一侧内部原子相互作用是不变的, 而界面两侧原子之间的相互作用势是变化

的. 因此,

$$E(x) = \sum_{\ell_1, \ell_2 = 0}^{\infty} \sum_{n=-\infty}^{\infty} \Phi(\sqrt{(x + \ell_1 a + \ell_2 b)^2 + n^2 a^2}), \tag{6.1}$$

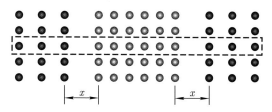

图 6.3　一个简单的界面模型

其中 b 为垂直于界面的晶格常数. 现在要从已知的 $E(x)$ 反推出未知的原子相互作用势 $\Phi(r)$. 为解决此问题, 分两步进行. 首先, 引入一个 "过渡" 函数

$$H(x) = \sum_{n=-\infty}^{\infty} \Phi(\sqrt{x^2 + n^2 a^2}), \tag{6.2}$$

则 (6.1) 式可改写为

$$E(x) = \sum_{\ell_1, \ell_2 = 0}^{\infty} H(x + \ell_1 a + \ell_2 b). \tag{6.3}$$

由加法半群反演即得

$$H(x) = E(x) - E(x + a) - E(x + b) + E(x + a + b). \tag{6.4}$$

另一方面, 定义一个算子 A_m:

$$A_m(x) = \sqrt{x^2 + ma^2}. \tag{6.5}$$

算子 A_m 显然是一个加性 Cesáro 算子, 满足

$$A_{m_1} A_{m_2} = A_{m_1 + m_2}. \tag{6.6}$$

因此,

$$H(x) = \sum_{m=0}^{\infty} r(m) \Phi(A_m(x)), \tag{6.7}$$

其中

$$r(m) = \begin{cases} 1, & \text{若 } m = 0, \\ 2, & \text{若 } m = n^2 > 0, \\ 0, & \text{若 } m \neq n^2 > 0, \end{cases} \tag{6.8}$$

即 $r(0) = 1, r(1) = 2, r(2) = r(3) = 0, r(4) = 2, r(5) = 0, \cdots$. 由加性 Möbius 反演定理即得

$$\Phi(x) = \sum_{m=0}^{\infty} r_{\oplus}^{-1}(m) H\big(A_m(x)\big), \tag{6.9}$$

其中 $r_{\oplus}^{-1}(m)$ 满足

$$\sum_{0 \leqslant m \leqslant k} r_{\oplus}^{-1}(m) r(k - m) = \delta_{k,0}. \tag{6.10}$$

由此可知,

$$\begin{aligned} \Phi(x) = \sum_{m=0}^{\infty} r_{\oplus}^{-1}(m) \big[& E(\sqrt{x^2 + ma^2}) - E(\sqrt{x^2 + ma^2} + a) \\ & - E(\sqrt{x^2 + ma^2} + b) + E(\sqrt{x^2 + ma^2} + a + b) \big]. \end{aligned} \tag{6.11}$$

由上可知, 界面黏结能逆问题可以用加法半群上的 Möbius 反演公式处理. 另外, 界面黏结能曲线的计算常用到图 6.3 中所示的元胞结构, 它的对称性给计算带来了方便.

6.1.2　Ag/MgO 界面的共格双晶反演方法

实际的界面结构非常复杂, 这里以 FCC 金属/MgO 共格双晶界面模型为例 (见图 6.4), 其中以 Ag 作为面心立方金属的代表. 假定黏结能等于两侧原子之间所有相互作用对势之和. 在黏结变化过程中, 界面两侧介质内部结构保持不变, 而界面间距 x 在一定范围内变化. 设计两种 FCCAg/MgO(100) 共格界面黏结能变化过程: 一是金属原子 Ag 正对镁离子 Mg^+ 上方的过程, 记此过程中的黏结能为 $E_{Mg}(x)$; 一是金属原子 Ag 正对氧离子 O^- 上方的过程, 黏结能记为 $E_O(x)$.

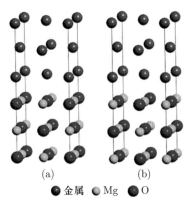

● 金属　◐ Mg　● O

图 6.4　Ag-MgO(100) 示意图

在金属原子 Ag 与界面另一侧的 Mg 离子最近时, 界面两侧之间的黏结能为

$$
\begin{aligned}
E_{\mathrm{Mg}}(x) = \sum_{\ell,\ell'=0}^{\infty} \sum_{m,n=-\infty}^{\infty} & \Big[\Phi_{\mathrm{Ag-Mg}}\Big(\sqrt{(x+\ell a+\ell'a)^2+(ma)^2+(na)^2}\Big) \\
& + \Phi_{\mathrm{Ag-Mg}}\Big(\sqrt{(x+\ell a+\ell'a)^2+((m+\tfrac{1}{2})a)^2+((n+\tfrac{1}{2})a)^2}\Big) \\
& + \Phi_{\mathrm{Ag-Mg}}\Big(\sqrt{(x+\ell a+(\ell'+\tfrac{1}{2})a)^2+(ma)^2+((n+\tfrac{1}{2})a)^2}\Big) \\
& + \Phi_{\mathrm{Ag-Mg}}\Big(\sqrt{(x+\ell a+(\ell'+\tfrac{1}{2})a)^2+((m+\tfrac{1}{2})a)^2+(na)^2}\Big) \\
& + \Phi_{\mathrm{Ag-Mg}}\Big(\sqrt{(x+(\ell+\tfrac{1}{2})a+\ell'a)^2+(ma)^2+((n+\tfrac{1}{2})a)^2}\Big) \\
& + \Phi_{\mathrm{Ag-Mg}}\Big(\sqrt{(x+(\ell+\tfrac{1}{2})a+\ell'a)^2+((m+\tfrac{1}{2})a)^2+(na)^2}\Big) \\
& + \Phi_{\mathrm{Ag-Mg}}\Big(\sqrt{(x+(\ell+\tfrac{1}{2})a+(\ell'+\tfrac{1}{2})a)^2+(ma)^2+(na)^2}\Big) \\
& + \Phi_{\mathrm{Ag-Mg}}\Big(\sqrt{(x+(\ell+\tfrac{1}{2})a+(\ell'+\tfrac{1}{2})a)^2+((m+\tfrac{1}{2})a)^2+((n+\tfrac{1}{2})a)^2}\Big) \\
& + \Phi_{\mathrm{Ag-O}}\Big(\sqrt{(x+\ell a+\ell'a)^2+(ma)^2+((n+\tfrac{1}{2})a)^2}\Big) \\
& + \Phi_{\mathrm{Ag-O}}\Big(\sqrt{(x+\ell a+\ell'a)^2+((m+\tfrac{1}{2})a)^2+(na)^2}\Big) \\
& + \Phi_{\mathrm{Ag-O}}\Big(\sqrt{(x+\ell a+(\ell'+\tfrac{1}{2})a)^2+(ma)^2+(na)^2}\Big) \\
& + \Phi_{\mathrm{Ag-O}}\Big(\sqrt{(x+\ell a+(\ell'+\tfrac{1}{2})a)^2+((m+\tfrac{1}{2})a)^2+((n+\tfrac{1}{2})a)^2}\Big)
\end{aligned}
$$

$$+ \Phi_{\text{Ag-O}}\Big(\sqrt{(x + (\ell + \frac{1}{2})a + \ell'a)^2 + (ma)^2 + (na)^2}\Big)$$

$$+ \Phi_{\text{Ag-O}}\Big(\sqrt{(x + (\ell + \frac{1}{2})a + \ell'a)^2 + ((m + \frac{1}{2})a)^2 + ((n + \frac{1}{2})a)^2}\Big)$$

$$+ \Phi_{\text{Ag-O}}\Big(\sqrt{(x + (\ell + \frac{1}{2})a + (\ell' + \frac{1}{2})a)^2 + (ma)^2 + ((n + \frac{1}{2})a)^2}\Big)$$

$$+ \Phi_{\text{Ag-O}}\Big(\sqrt{(x + (\ell + \frac{1}{2})a + (\ell' + \frac{1}{2})a)^2 + ((m + \frac{1}{2})a)^2 + (na)^2}\Big)\Big]. \tag{6.12}$$

在金属原子 (Ag) 与界面另一侧的 O 离子最近时, 界面两侧之间的黏结能为

$$E_{\text{O}}(x) = \sum_{\ell,\ell'=0}^{\infty} \sum_{m,n=-\infty}^{\infty} \Big[\Phi_{\text{Ag-O}}\Big(\sqrt{(x + \ell a + \ell'a)^2 + (ma)^2 + (na)^2}\Big)$$

$$+ \Phi_{\text{Ag-O}}\Big(\sqrt{(x + \ell a + \ell'a)^2 + ((m + \frac{1}{2})a)^2 + ((n + \frac{1}{2})a)^2}\Big)$$

$$+ \Phi_{\text{Ag-O}}\Big(\sqrt{(x + \ell a + (\ell' + \frac{1}{2})a)^2 + (ma)^2 + ((n + \frac{1}{2})a)^2}\Big)$$

$$+ \Phi_{\text{Ag-O}}\Big(\sqrt{(x + \ell a + (\ell' + \frac{1}{2})a)^2 + ((m + \frac{1}{2})a)^2 + (na)^2}\Big)$$

$$+ \Phi_{\text{Ag-O}}\Big(\sqrt{(x + (\ell + \frac{1}{2})a + \ell'a)^2 + (ma)^2 + ((n + \frac{1}{2})a)^2}\Big)$$

$$+ \Phi_{\text{Ag-O}}\Big(\sqrt{(x + (\ell + \frac{1}{2})a + \ell'a)^2 + ((m + \frac{1}{2})a)^2 + (na)^2}\Big)$$

$$+ \Phi_{\text{Ag-O}}\Big(\sqrt{(x + (\ell + \frac{1}{2})a + (\ell' + \frac{1}{2})a)^2 + (ma)^2 + (na)^2}\Big)$$

$$+ \Phi_{\text{Ag-O}}\Big(\sqrt{(x + (\ell + \frac{1}{2})a + (\ell' + \frac{1}{2})a)^2 + ((m + \frac{1}{2})a)^2 + ((n + \frac{1}{2})a)^2}\Big)$$

$$+ \Phi_{\text{Ag-Mg}}\Big(\sqrt{(x + \ell a + \ell'a)^2 + (ma)^2 + ((n + \frac{1}{2})a)^2}\Big)$$

$$+ \Phi_{\text{Ag-Mg}}\Big(\sqrt{(x + \ell a + \ell'a)^2 + ((m + \frac{1}{2})a)^2 + (na)^2}\Big)$$

$$+ \Phi_{\text{Ag-Mg}}\Big(\sqrt{(x + \ell a + (\ell' + \frac{1}{2})a)^2 + (ma)^2 + (na)^2}\Big)$$

$$+ \Phi_{\text{Ag-Mg}}\Big(\sqrt{(x + \ell a + (\ell' + \frac{1}{2})a)^2 + ((m + \frac{1}{2})a)^2 + ((n + \frac{1}{2})a)^2}\Big)$$

$$+ \Phi_{\text{Ag-Mg}}\Big(\sqrt{(x + (\ell + \frac{1}{2})a + \ell'a)^2 + (ma)^2 + (na)^2}\Big)$$

$$+ \Phi_{\text{Ag-Mg}}\Big(\sqrt{(x + (\ell + \frac{1}{2})a + \ell'a)^2 + ((m + \frac{1}{2})a)^2 + ((n + \frac{1}{2})a)^2}\Big)$$

$$+ \varPhi_{\mathrm{Ag-Mg}}\Big(\sqrt{(x+(\ell+\tfrac{1}{2})a+(\ell'+\tfrac{1}{2})a)^2+(ma)^2+((n+\tfrac{1}{2})a)^2} \Big)$$

$$+ \varPhi_{\mathrm{Ag-Mg}}\Big(\sqrt{(x+(\ell+\tfrac{1}{2})a+(\ell'+\tfrac{1}{2})a)^2+((m+\tfrac{1}{2})a)^2+(na)^2} \Big) \Big]. \qquad (6.13)$$

引入两个新变量 $E_{\pm}(x) = E_{\mathrm{O}}(x) \pm E_{\mathrm{Mg}}(x)$ 和 $\varPhi_{\pm}(x) = \varPhi_{\mathrm{Ag-O}}(x) \pm \varPhi_{\mathrm{Ag-Mg}}(x)$，则有

$$E_{\pm}(x) = \sum_{\ell,\ell'=0}^{\infty} \sum_{m,n=-\infty}^{\infty} \varPhi_{\pm}\Big(\sqrt{(x+\ell a+\ell'a)^2+(ma)^2+(na)^2} \Big)$$

$$+ \varPhi_{\pm}\Big(\sqrt{(x+\ell a+\ell'a)^2+((m+\tfrac{1}{2})a)^2+((n+\tfrac{1}{2})a)^2} \Big)$$

$$+ \varPhi_{\pm}\Big(\sqrt{(x+\ell a+(\ell'+\tfrac{1}{2})a)^2+(ma)^2+((n+\tfrac{1}{2})a)^2} \Big)$$

$$+ \varPhi_{\pm}\Big(\sqrt{(x+\ell a+(\ell'+\tfrac{1}{2})a)^2+((m+\tfrac{1}{2})a))^2+(na)^2} \Big)$$

$$+ \varPhi_{\pm}\Big(\sqrt{(x+(\ell+\tfrac{1}{2})a+\ell'a)^2+(ma)^2+((n+\tfrac{1}{2})a)^2} \Big)$$

$$+ \varPhi_{\pm}\Big(\sqrt{(x+\ell a+(\ell'+\tfrac{1}{2})a)^2+((m+\tfrac{1}{2})a)^2+(na)^2} \Big)$$

$$+ \varPhi_{\pm}\Big(\sqrt{(x+(\ell+\tfrac{1}{2})a+(\ell'+\tfrac{1}{2})a)^2+(ma)^2+(na)^2} \Big)$$

$$+ \varPhi_{\pm}\Big(\sqrt{(x+(\ell+\tfrac{1}{2})a+(\ell'+\tfrac{1}{2})a)^2+((m+\tfrac{1}{2})a)^2+((n+\tfrac{1}{2})a)^2} \Big)$$

$$\pm \varPhi_{\pm}\Big(\sqrt{(x+\ell a+\ell'a)^2+(ma)^2+((n+\tfrac{1}{2})a)^2} \Big)$$

$$\pm \varPhi_{\pm}\Big(\sqrt{(x+\ell a+\ell'a)^2+((m+\tfrac{1}{2})a)^2+(na)^2} \Big)$$

$$\pm \varPhi_{\pm}\Big(\sqrt{(x+\ell a+(\ell'+\tfrac{1}{2})a)^2+(ma)^2+(na)^2} \Big)$$

$$\pm \varPhi_{\pm}\Big(\sqrt{(x+\ell a+(\ell'+\tfrac{1}{2})a)^2+((m+\tfrac{1}{2})a)^2+((n+\tfrac{1}{2})a)^2} \Big)$$

$$\pm \varPhi_{\pm}\Big(\sqrt{(x+(\ell+\tfrac{1}{2})a+\ell'a)^2+(ma)^2+(na)^2} \Big)$$

$$\pm \varPhi_{\pm}\Big(\sqrt{(x+(\ell+\tfrac{1}{2})a+\ell'a)^2+((m+\tfrac{1}{2})a)^2+((n+\tfrac{1}{2})a)^2} \Big)$$

$$\pm \varPhi_{\pm}\Big(\sqrt{(x+(\ell+\tfrac{1}{2})a+(\ell'+\tfrac{1}{2})a)^2+(ma)^2+((n+\tfrac{1}{2})a)^2} \Big)$$

$$\pm\, \Phi_\pm\Big(\sqrt{(x + (\ell + \tfrac{1}{2})a + (\ell' + \tfrac{1}{2})a)^2 + ((m + \tfrac{1}{2})a)^2 + (na)^2}\,\Big). \tag{6.14}$$

归纳起来可表示为

$$E_\pm(x) = \sum_{\ell,\ell'=0}^{\infty} \sum_{m,n=-\infty}^{\infty} (-1)^{\ell+\ell'+m+n} \Phi_\pm\Big(\sqrt{\big[x + (\ell + \ell')\tfrac{a}{2}\big]^2 + (m^2 + n^2)\big(\tfrac{a}{2}\big)^2}\,\Big). \tag{6.15}$$

推导还可采取另一种方式进行. 令

$$H_\pm(x) = \sum_{m,n=-\infty}^{\infty} (-1)^{m+n} \Phi_\pm\Big(\sqrt{x^2 + \frac{(m^2 + n^2)a^2}{4}}\,\Big), \tag{6.16}$$

因此,

$$E_\pm(x) = \sum_{\ell,\ell'=0}^{\infty} (-1)^{\ell+\ell'} H_\pm\Big(x + (\ell + \ell')a/2\Big), \tag{6.17}$$

$$H_\pm(x) = E_\pm(x) \mp 2E_\pm\Big(x + \frac{a}{2}\Big) + E_\pm(x + a). \tag{6.18}$$

另一方面,

$$H_\pm(x) = \sum_{k=0}^{\infty} (-1)^k h(k) \Phi_\pm\Big(\sqrt{x^2 + k\frac{a^2}{4}}\,\Big), \tag{6.19}$$

其中 k 只取两个整数平方之和, 即 $k = s^2 + t^2$,

$$h(k) = \begin{cases} 1, & \text{若 } k = 0, \\ 4, & \text{若 } k = s^2, \text{且 } s \neq 0, \\ 4, & \text{若 } k = 2s^2, \text{且 } s \neq 0, \\ 8, & \text{若 } k = s^2 + t^2, \text{ 且 } 0 \neq |s| \neq |t| \neq 0. \end{cases}$$

$$\Phi_\pm(x) = \sum_{n=0}^{\infty} (-1)^n g(n) H_\pm\Big(\sqrt{x^2 + n\frac{a^2}{4}}\,\Big), \tag{6.20}$$

其中 $g(n)$ 满足

$$\sum_{0 \leqslant n \leqslant k} h(k - n) g(n) = \delta_{k,0}. \tag{6.21}$$

$h(n)$ 与 $g(n)$ 之间的加性对偶关系见表 6.1.

表 6.1　$h(n)$ 与 $g(n)$ 之间的加性对偶关系

n	0	1	2	3	4	5	6	7	8	9	10	11
$h(n)$	1	4	4	0	4	8	0	0	4	4	8	0
$g(n)$	1	−4	12	−32	76	−168	352	−704	1356	−2532	4600	−8160

$$\Phi_{\pm}(x) = \sum_{n=0}^{\infty} (-1)^n g(n) \Big[E_{\pm}\Big(\sqrt{x^2 + \frac{na^2}{4}}\Big)$$
$$\mp 2E_{\pm}\Big(\sqrt{x^2 + \frac{na^2}{4}} + \frac{a}{2}\Big) + E_{\pm}\Big(\sqrt{x^2 + \frac{na^2}{4}} + a\Big)\Big]. \tag{6.22}$$

最后, 得到界面两侧之间的等效原子相互作用势为

$$\Phi_{\text{Ag-Mg}} = \frac{\Phi_+ - \Phi_-}{2} \quad 和 \quad \Phi_{\text{Ag-O}} = \frac{\Phi_+ + \Phi_-}{2}. \tag{6.23}$$

具体计算时界面间距的取值从 1.5 Å 到 5.0 Å, 然后用上述方法计算原子势, 再用变形的 Rahman-Stillinger-Lemberg (RSL2) 势

$$E = D_0 e^{y(1-R/R_0)} + \frac{a_1}{1 + e^{b_1(R-c_1)}} + \frac{a_2}{1 + e^{b_2(R-c_2)}} + \frac{a_3}{1 + e^{b_3(R-c_3)}} \tag{6.24}$$

拟合, 即得图 6.5 中的曲线. 表 6.2 中给出了拟合势参数.

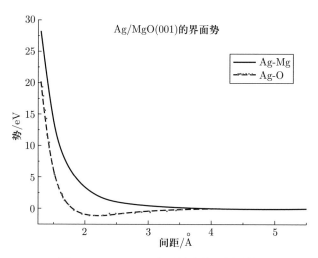

图 6.5　Ag/MgO 中两种跨界面原子势

表 6.2 拟合势参数

原子对	势参数		
Ag–Mg	$D_0 = 284.5542$ kcal·mol^{-1}	$R_0 = 1$ Å	$y = 2.0843$
	$a_1 = 1600.6582$ kcal·mol^{-1}	$b_1 = 6.2388$ Å	$c_1 = 1.1478$ Å
	$a_2 = 7.0657$ kcal·mol^{-1}	$b_2 = 3.6581$ Å	$c_2 = 2.9842$ Å
	$a_3 = 71.1797$ kcal·mol^{-1}	$b_3 = 4.3778$ Å	$c_3 = 1.8999$ Å
Ag–O	$D_0 = 5596.5601$ kcal·mol^{-1}	$R_0 = 1$ Å	$y = 2.1383$
	$a_1 = -5678.4394$ kcal·mol^{-1}	$b_1 = 2.8384$ Å	$c_1 = 1.0839$ Å
	$a_2 = -634.8887$ kcal·mol^{-1}	$b_2 = 2.1121$ Å	$c_2 = 1.9$ Å
	$a_3 = -7.4067$ kcal·mol^{-1}	$b_3 = 2.5757$ Å	$c_3 = 3.5539$ Å

显然, Ag 原子和 O 离子之间的吸引作用比 Ag 原子和 Mg 离子之间的要大很多.

6.2 金属/Al$_2$O$_3$ 界面共格双晶反演方法

以上的界面黏结能反演用到了加法半群上的 Möbius 反演, 但是遇到如图 6.6 所示的 FCC 金属 (111)/Al$_2$O$_3$(0001) 之类的复杂界面时, 要判断界面结构是否能调整使之符合半群的要求, 就变得相当困难. 图 6.7 左部 (a) 所示分别为 O 终结 (红) 和 Al 终结 (黄) 两种结构. 右部 (b) 表示 [0001] 方向上的界面处结构. Ni 侧的金属层分别用 A, B, C 标记. 金属层和氧层 (Ni–O) 之间的势与金属层和铝层 (Ni–Al) 之间的势可分别表示为 [Lon2007]

$$H_{\substack{\text{Ni-O} \\ \text{Ni-Al}}}(x) = \sum_{m,n=-\infty}^{\infty} \Phi_{\substack{\text{Ni-O} \\ \text{Ni-Al}}}\left(\sqrt{x^2 + \frac{a^2}{3}\left(m^2 + (n-\frac{1}{3})^2 + m(n-\frac{1}{3})\right)}\right).$$

这时黏结能可表示为

$$E_{\text{O}}(x) = \sum_{m,n=0}^{\infty} \Big(3H_{\text{Ni-O}}(x + md_1 + 3nd_2)$$
$$+ H_{\text{Ni-Al}}(x + md_1 + (3n+1)d_2) + H_{\text{Ni-Al}}(x + md_1 + (3n+2)d_2)\Big),$$

$$E_{\text{Al}}(x) = \sum_{m,n=0}^{\infty} \Big(3H_{\text{Ni-O}}(x + md_1 + (3n+1)d_2)$$
$$+ H_{\text{Ni-Al}}(x + md_1 + 3nd_2) + H_{\text{Ni-Al}}(x + md_1 + (3n+2)d_2)\Big).$$

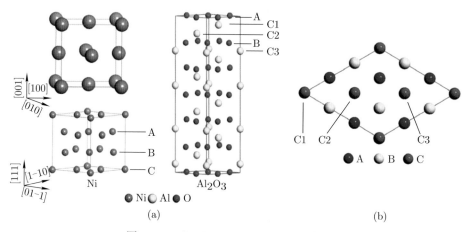

图 6.6　Ni(111)/Al$_2$O$_3$ (0001) 界面结构

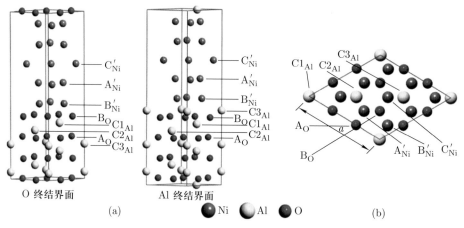

图 6.7　特殊设计的 Ni(111)/Al$_2$O$_3$ (0001) 界面结构

最后可以得到

$$\Phi_{\substack{\text{Ni-O} \\ \text{Ni-Al}}} = \sum_{m,n,k=0}^{\infty} b_k B_{m,n} E_{\substack{\text{O} \\ \text{Al}}} \left(\sqrt{x^2 + (k-1)\frac{a^2}{27}} + md_1 + nd_2 \right). \tag{6.25}$$

综上所述, 对一些典型界面结构进行加法半群分析, 运用 Möbius 反演方法即可从界面黏结能表达式得出跨界面的等效原子势.

　　注意, 此前最流行的离散经典方法 (DCM) 大致始于 Duffy 和 Finnis 在 1992—1993 年间的工作 (参看 [Duf93, Fin92]), 他们的方法适合于界面处有明显的电荷迁移的情况, 而且只能对诸如金属/MgO 这类简单结构进行计算. Vervisc 和 Dmitriev 等人提出拟合法 [Ver2002, Dmi2006], 用最优化直接拟合黏结能的第一性原理计算结果, 实用性相比 DCM 和迭代法大为提高, 已经在金属/MgO 和金属/Al$_2$O$_3$ 的结构研究中得到广泛应用. 但是, 它必须在拟合前就确定原子势函数形式, 针对每一种具体界面结构和具体的两侧原子逐个去做. 这里的 Möbius 反演方法能处理各种不同的界面结构共格双晶模型, 当然, 原子相互作用势仍限于对势.

6.3 界面共格双晶反演势的若干应用

对界面的浸润、断裂和位错网格进行处理和分析, 不可能直接运用第一性原理来解决, 需要以原子势作为桥梁才能推进. 这时, 还有许多问题需要处理.

6.3.1 从共格模型到半共格模型

上面介绍的界面反演新方法和此前关于界面的各种方法相比较, 系统性和可操作性有了不少提高. 理想化的共格双晶模型只需要在很小的范围内做第一性原理计算, 从而能系列性地获取界面两侧的等效原子势. 而在把这些原子势用到实际问题时, 我们常要抛开共格结构的束缚和限制. 大家知道, 实际的异质界面两侧总是存在明显的晶格失配. 设界面某方向上, 两侧晶格常数分别为 $a_1 \neq a_2$, 这种结构尽管不符合 "共格" 的要求, 但在一定条件下仍可算作一种周期结构, 只是周期变得很大. 设存在整数 n 使得

$$na_1 = (n+1)a_2 \text{ 或 } n = \frac{a_2}{a_1 - a_2}, \qquad \text{当 } a_1 > a_2,$$

$$na_2 = (n+1)a_1 \text{ 或 } n = \frac{a_1}{a_2 - a_1}, \qquad \text{当 } a_2 > a_1,$$

周期越大, 相对于理想共格的失配就越小. 所以常把 n 的倒数定义成失配度, 记作 γ, 对于 $a_1 > a_2$ 和 $a_2 > a_1$ 两种情况, 分别有

$$\gamma = \frac{a_1 - a_2}{a_2} \text{ 和 } \gamma = \frac{a_2 - a_1}{a_1}.$$

对金属/陶瓷界面而言, 由于陶瓷硬度大形变小, 金属可塑性大, 可以以陶瓷为基准, 即令 $a_2 = a_陶, a_1 = a_金$. 这种新的周期性网格在每一个周期内仍然容纳了界面两侧失配的情况, 常称为半共格模型. 注意, 实际上两侧材料的晶格常数差分比值很难是整数. 所以, 用整数来替代实际的非整数时, 物理上的 "半共格" 远比理想的半共格要复杂. 我们要做的是在半共格这个模型中运用共格模型中得来的界面原子间相互作用势. 表 6.3 ~ 6.5 是三种体系的界面失配度.

表 6.3   M(001)/MgO(001) 界面失配度 [Lon2008c]

	Au	Rh	Pd	Ni	MgO
$a/\text{Å}$	4.08	3.80	3.89	3.52	4.22
$\gamma(\%)$	−3.3	−10	−7.8	−16.6	−

表 6.4   M(111)/SiC(111) 界面失配度 [Wang2010]

	Au	Ag	Al	Pt	Cu	Ni	SiC
$a/\text{Å}$	4.0784	4.0857	4.0495	3.9239	3.6147	3.5240	4.3480
$\gamma(\%)$	−6.3	−6.0	−9.3	−9.8	−16.9	−19.0	−

表 6.5   M(111)/Al$_2$O$_3$(0001) 界面失配度

	Ag	Au	Cu	Ni	Al$_2$O$_3$
$a/\text{Å}$	4.141	4.168	3.626	3.5240	4.759
$\gamma(\%)$	−6.16	−6.77	7.16	9.3	−

如图 6.8 左部所示, 在金属/MgO 界面共格模型的金属一侧加一层金属原子,
这就是一个刃型位错的几何模型. 右部所示为考虑了原子相互作用势之后经过弛
豫的结果. 若刃尖达到金属面的第一层, 记作 $P = 1$, 弛豫结果如右部图 (a) 所示;

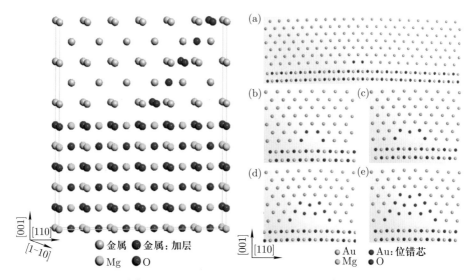

图 6.8   (Ag,Au,Pd)/MgO 界面的刃型位错

刃尖到达第二层 ($P = 2$), 如图 (b) 所示; 等等. 刃尖演变为位错芯, 使界面处发生空洞. 位错形成能都是正的, 随 P 增大而增大. 这说明, 位错有多种亚稳态结构, 以位错线靠近界面时能量最低. 由于位错的存在, 界面由共格结构转变成非共格结构. 离位错芯远的区域中, 界面金属原子位于氧原子上方, 称作共格区; 接近位错芯处, 界面金属原子位于空位上方.

金属/MgO 界面位错能总是大于零的, 位错密度随金属层的层厚增加而增加, 趋向饱和. 其中 $(Ag, Au)/Mg(001)$ 界面的 Burgers 矢量随金属厚度增加由 $\frac{1}{2}[110]$ 变为 $[100]$, 再变为 $\frac{1}{2}[101]$, 而 Pd/MgO 始终保持 $\frac{1}{2}[110]$, 如表 6.6 所示 (其中 e_{dis} 指单位长度位错线中位错核晶格形变能) [Wang 2000].

表 6.6 位错密度与 Burgers 矢量

	Ag/MgO	Au/MgO	Pd/MgO
b	$\frac{1}{2}[110]$, $[100]$, $\frac{1}{2}[101]$	$\frac{1}{2}[110]$, $[100]$, $\frac{1}{2}[101]$	$\frac{1}{2}[110]$
$e_{\mathrm{dis}}/(\mathrm{eV \cdot Å^{-1}})$	0.8940, 1.1524, 0.8047	0.8201, 1.1439, 0.9031	0.3455

6.3.2 应用举例

图 6.9 说明, 在 FCC 金属/Al$_2$O$_3$ 界面位错的 Burgers 矢量 b 有三种可能: (1) 垂直于位错层 DL, (2) 不垂直于位错层 DL, (3) 不平行于 (0001) 面. 它们对应的两侧晶格常数之比分别为 $(n \pm 1 : 1), (n^2 + n + 1 : n^2)$ 和 $(n \pm 1 : 1)$.

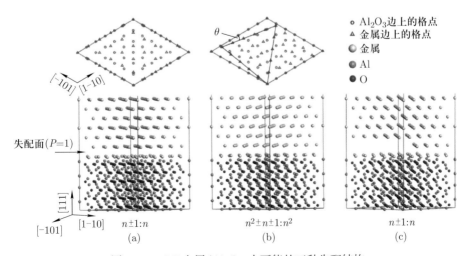

图 6.9 FCC 金属/Al$_2$O$_3$ 中可能的三种失配结构

应用界面势, 我们还研究了金属在 MgO(001), Al$_2$O$_3$(0001), SiC(111) 表面的浸润性质和金属大团簇在表面上的几何外形. 计算发现, 金属 Au, Ag, Al, Cu, Ni, Rh, Ir, Pd 在 MgO(001) 表面上是不浸润的. 金属 Au, Ag, Cu, Ni 在 Al$_2$O$_3$(0001) 表面上, 若金属与 Al 终结也是不浸润的, 但若与 O 终结则是浸润的. 另外, 金属 Au, Ag, Cu, Ni 在 SiC(111) 表面上也是浸润的. 图 6.10 示出了几种金属团簇的浸润性质.

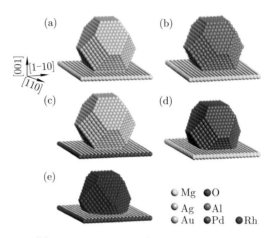

图 6.10　MgO(001) 表面上的金属团簇

回　头　看

界面性质在材料科学中具有十分重要的地位. 界面结构的复杂性以及实验上的难以确定, 给界面研究带来了极大的困难. 这就迫使人们想象和探索界面中最核心的特征, 构建出最简单、最基本的理想界面模型 —— 共格双晶模型. 借此, 第一性原理黏结能计算, 配上加法半群基础上的反演, 在界面科学的舞台上得以施展, 使杂乱无章的界面变成了可计算、可操控的一个理想的对象, 并赋以对偶之美的诉求.

大家知道, 火箭推进剂和工程爆破等均需要含能材料, 如何根据配方预测炸药性能, 为新型钝感炸药的设计提供理论基础是十分重要的命题. 与此同时, 还要建立炸药在复杂环境下的热力学参数库和动力学相应特征, 为含能化工产品的安全性预测提供模型和参数. 龙瑶在国内自主发展了含能材料界面原子势, 对这些问题做出了重要贡献, 见如 [Lon2013, Lon2017] (见图 6.11 和图 6.12), 以及 2017 年 2 月在北京应用物理与计算数学研究所会议上发表的《含能材料界面原子势研究及其应用》.

复合PBX炸药的构成

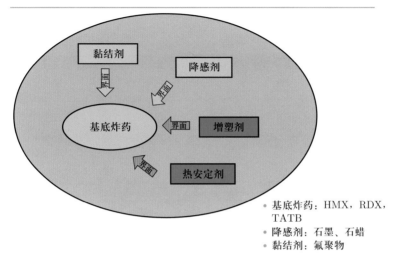

- 基底炸药：HMX，RDX，TATB
- 降感剂：石墨、石蜡
- 黏结剂：氟聚物

图 6.11 复合 PBX 炸药中涉及的界面

● 界面研究对象

■ (HMX，TATB，RDX)/石墨，HMX/TATB，RDX/TATB，石墨/氟聚物界面

■ HMX/(石蜡，F2311，F2312，F2313，F2314，F2463，F2603，氟聚物-A)界面

■ TATB/(石蜡，F2311，F2312，F2313，F2314，F2463，F2603，氟聚物-A)界面

■ RDX/(石蜡，F2311，F2312，F2313，F2314，F2463，F2603，氟聚物-A)界面

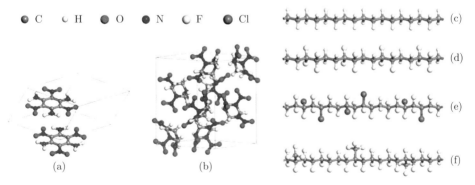

图 6.12 复合 PBX 炸药中的多种界面原子势

第七章 偏序集上的 Möbius 反演

众说纷纭事, 普天同轨情

前面提到乘法半群和加法半群上的 Möbius 反演, 均涉及集合元素之间的二元关系. 从中提炼出的它们的共性, 进一步发展成偏序集上的 Möbius 反演. 偏序集的概念起源于 20 世纪 20 年代, 经历近四十年, 终于在 1964 年由 Rota (1932—1999, 见图 7.1) 集大成而完善 [Rot64].

图 7.1 Rota

7.1 全序集的定义和 ζ 关联矩阵表示

为引进偏序集的定义, 先介绍全序集 (total ordered set) 的定义.

定义 7.1 若非空集合 S 的任何两个元素之间存在二元关系 $\preceq$ 和 $\succeq$, 且

(1) 对任何 $a, b \in S$, 必有 $a \preceq b$ 或 $b \preceq a$ (普适性),

(2) 对所有 $a \in S$, 必有 $a \preceq a$ 和 $a \succeq a$ (自反性),

(3) 若 $a \preceq b$, 且 $b \preceq c$, 则 $a \preceq c$ (传递性),

(4) 若 $a \preceq b$, 且 $b \preceq a$, 则 $a = b$ (反对称性),
则称 S 为全序集.

例 7.1 令集合 $S = \{1, 2, 3, 4, 6, 12\}$, 并规定 $x \preceq y$ 代表 $x \leqslant y$, $x \npreceq y$ 代表 $x > y$, 则有 $1 \preceq 2 \preceq 3 \preceq 4 \preceq 6 \preceq 12$. 其中任何两个元素间都存在规定的二元关系, 所以是全序集.

为了更加清晰和方便, 通常用关联矩阵 $\zeta(x, y)$ 表示集合中每一对元素间的序关系:

$$\zeta(x, y) = \begin{cases} 1, & \text{若 } x \preceq y, \\ 0, & \text{若 } x \npreceq y. \end{cases}$$

这时 ζ 函数可表示为上三角矩阵. 上述集合 S 的关联矩阵表示如下:

$$\zeta(x, y) = \begin{bmatrix} 1 & 1 & 1 & 1 & 1 & 1 \\ 0 & 1 & 1 & 1 & 1 & 1 \\ 0 & 0 & 1 & 1 & 1 & 1 \\ 0 & 0 & 0 & 1 & 1 & 1 \\ 0 & 0 & 0 & 0 & 1 & 1 \\ 0 & 0 & 0 & 0 & 0 & 1 \end{bmatrix}.$$

用矩阵求逆直接算出它的逆矩阵 $\mu(x, y)$ 为

$$\mu(x, y) = \begin{bmatrix} 1 & -1 & 0 & 0 & 0 & 0 \\ 0 & 1 & -1 & 0 & 0 & 0 \\ 0 & 0 & 1 & -1 & 0 & 0 \\ 0 & 0 & 0 & 1 & -1 & 0 \\ 0 & 0 & 0 & 0 & 1 & -1 \\ 0 & 0 & 0 & 0 & 0 & 1 \end{bmatrix}.$$

注意, 求逆意味着 $\mu(x, y)$ 和 $\zeta(x, y)$ 之间存在对偶或互易关系:

$$\sum_{i \preceq z \preceq j} \mu(i, z) \zeta(z, j) = \delta_{i,j}.$$

对于全序集而言,

$$\zeta(z, j) \xrightarrow{z \preceq j} 1,$$

上式简化为

$$\sum_{i \preceq z \preceq j} \mu(i, z) = \delta_{i,j}.$$

由此可递推出所有矩阵元 $\mu(x,y)$ 的值. 这与第一章中介绍的 Möbius 函数的求和公式何其相似乃尔.

例 7.2 差分反演问题. 设有非负整数的集合 $T = \{0,1,2,\cdots\}$, $F(n)$ 和 $f(n)$ 是定义在集合 T 上的实 (复) 函数. 若对任何 $n \in T$ 均有

$$F(n) = \sum_{0 \leqslant m \leqslant n} f(m),$$

试问能否由已知的 $F(n)$ 推出埋在求和之中的 $f(n)$?

解 函数定义域为非负整数, 任意两个这类整数之间存在关系 $\leqslant$, 例如 $n-1 \leqslant n$. 这是个全序集. 由前面加法半群上的 Möbius 反演公式即得

$$f(n) = \sum_{0 \leqslant m \leqslant n} \mu_\oplus(m) F(n-m)$$

$$= \begin{cases} F(n), & \text{若 } n = 0, \\ F(n) - F(n-1), & \text{若 } n \geqslant 1. \end{cases}$$

设 $F(n) = n^2$, 则

$$f(n) = \begin{cases} 0, & \text{若 } n = 0, \\ 2n - 1, & \text{若 } n > 0. \end{cases}$$

若用矩阵表达, 则可表为

$$
\begin{bmatrix} F(0) \\ F(1) \\ F(2) \\ F(3) \\ F(4) \\ \vdots \end{bmatrix}
=
\begin{bmatrix}
1 & 0 & 0 & 0 & 0 & \cdots \\
1 & 1 & 0 & 0 & 0 & \cdots \\
1 & 1 & 1 & 0 & 0 & \cdots \\
1 & 1 & 1 & 1 & 0 & \cdots \\
1 & 1 & 1 & 1 & 1 & \cdots \\
\vdots & \vdots & \vdots & \vdots & \vdots & \ddots
\end{bmatrix}
\begin{bmatrix} f(0) \\ f(1) \\ f(2) \\ f(3) \\ f(4) \\ \vdots \end{bmatrix}.
$$

这可简记为

$$F = \zeta^{\mathrm{T}} \cdot f.$$

相应地即有

$$f = (\zeta^{\mathrm{T}})^{-1} \cdot F = \mu^{\mathrm{T}} \cdot F.$$

7.2 偏序集的定义和 ζ 矩阵表示

这一节要把全序集推广到偏序集 (partially ordered set), 就像把单变量函数的微分推广到多变量函数的偏微分似的.

定义 7.2 若非空集合 S 的部分元素之间存在二元关系 $\preceq$ 和 $\succeq$, 且

(1) 对所有 $a \in S$, 必有 $a \preceq a$ 和 $a \succeq a$ (自反性),

(2) 若 $a \preceq b$, 且 $b \preceq c$, 则 $a \preceq c$ (传递性),

(3) 若 $a \preceq b$, 且 $b \preceq a$, 则 $a = b$ (反对称性),

则称 S 为偏序集.

全序集中任意两个元素间都有序关系, 而偏序集中并非任意两个元素间都有序关系.

例 7.3 Möbius 数论反演公式. 设有正整数集合 $P = \{1, 2, \cdots\}$, $F(n)$ 和 $f(n)$ 为定义在 P 上的实函数或复函数. 若对任何 $n \in P$, 均有

$$F(n) = \sum_{d|n} f(d),$$

试问能否由已知的 $F(n)$ 推出 $f(n)$?

解 从第一章即知

$$f(n) = \sum_{d|n} \mu(d) F(n/d).$$

设若 $F(n) = n$, 可以推出 $f(n) = \varphi(n)$ 为 Euler 函数, 即同时满足 $1 \leqslant m \leqslant n$ 和 $(m, n) = 1$ 的 m 的个数.

现在把正整数集合 $\{N\}$ 加上整除性关系看成偏序集, 并设 $x, y \in N$. 若 $x|y$ 则认为 $x \preceq y$, 否则 $x \npreceq y$. 相应的 $\zeta(x, y)$ 和 $\mu(x, y)$ 函数如下:

$$\zeta(x,y) = \begin{bmatrix} 1 & 1 & 1 & 1 & 1 & 1 & 1 & 1 & \cdots \\ 0 & 1 & 0 & 1 & 0 & 1 & 0 & 1 & \cdots \\ 0 & 0 & 1 & 0 & 0 & 1 & 0 & 0 & \cdots \\ 0 & 0 & 0 & 1 & 0 & 0 & 0 & 1 & \cdots \\ 0 & 0 & 0 & 0 & 1 & 0 & 0 & 0 & \cdots \\ 0 & 0 & 0 & 0 & 0 & 1 & 0 & 0 & \cdots \\ \vdots & \vdots & \vdots & \vdots & \vdots & \vdots & \vdots & \vdots & \ddots \end{bmatrix}$$

和

$$\mu(x,y) = \begin{bmatrix} 1 & -1 & -1 & 0 & -1 & 1 & -1 & 0 & \cdots \\ 0 & 1 & 0 & -1 & 0 & -1 & 0 & 0 & \cdots \\ 0 & 0 & 1 & 0 & 0 & -1 & 0 & 0 & \cdots \\ 0 & 0 & 0 & 1 & 0 & 0 & 0 & -1 & \cdots \\ 0 & 0 & 0 & 0 & 1 & 0 & 0 & 0 & \cdots \\ 0 & 0 & 0 & 0 & 0 & 1 & 0 & 0 & \cdots \\ \vdots & \vdots & \vdots & \vdots & \vdots & \vdots & \vdots & \vdots & \ddots \end{bmatrix}.$$

现在再考察一下 $\mu(x,y)$ 的规律性.

对同一行如第 i 行上的矩阵元进行求和, 求和范围从 (i,i) 到 (i,j). 若 $i \nmid j$, 求和为零. 若 $i|j$, 求和为

$$\sum_{i|z|j} \mu(i,z) = \delta_{i,j}.$$

例如 $i=1$ 的情况:

$$j=1, \quad \sum_{1|z|1} \mu(i,z) = \mu(1,1) = 1,$$

$$j=2, \quad \sum_{1|z|2} \mu(i,z) = \mu(1,1) + \mu(1,2) = 0 \to \mu(1,2) = -1,$$

$$j=3, \quad \sum_{1|z|3} \mu(i,z) = \mu(1,1) + \mu(1,3) = 0 \to \mu(1,3) = -1,$$

$$j=4, \quad \sum_{1|z|4} \mu(i,z) = \mu(1,1) + \mu(1,2) + \mu(1,4) = 0 \to \mu(1,4) = 0,$$

$$\cdots\cdots$$

再如 $i=2$ 的情况:

$$j=1, \quad \mu(2,1) = 0,$$

$$j=2, \quad \sum_{2|z|2} \mu(2,z) = \mu(2,2) = 1,$$

$$j=3, \quad \sum_{2|z|3} \mu(2,z) = 0 \to \mu(2,3) = 0,$$

$$j=4, \quad \sum_{2|z|4} \mu(2,z) = \mu(2,2) + \mu(2,4) = 0 \to \mu(2,4) = -1,$$

$$\cdots\cdots$$

再如 $i = 1, j = 12$ 的情况, 这时有两条路径: $1 \to 2 \to 4 \to 12$ 和 $1 \to 3 \to 6 \to 12$, 因此有

$$\sum_{i|z|j} \mu(i,z) = \mu(1,1) + \mu(1,2) + \mu(1,4) + \mu(1,3) + \mu(1,6) + \mu(1,12)$$

$$= 1 - 1 + 0 - 1 + 1 + 0 = 0.$$

上述推导又一次说明, 在对易关系 (求和法则) 的基础上, 这些矩阵元易用递推法获得. 现在定义偏序集上的二元函数 $\mu(x,y)$ 为

$$\mu(x,y) = \begin{cases} \mu\left(\dfrac{y}{x}\right), & x \preceq y, \\ 0, & x \npreceq y. \end{cases} \tag{7.1}$$

注意, 现在不用先写出完整的关联矩阵 $\zeta(x,y)$, 然后才求出逆矩阵 $\mu(x,y)$, 而是直接按 $\mu(x,y)$ 的求和法则就可以求出这些矩阵元. 对于只需要知道部分矩阵元的情况, 这种做法更方便. 其实, 这正是 $\zeta(x,y)$ 与 $\mu(x,y)$ 之间对偶性的表现. 注意, 上面的讨论利用了矩阵之逆的存在性, 这就要求矩阵是有限的.

7.3　局部有限偏序集上的 Möbius 函数

定义 7.3　设 P 是偏序集, 若对任意 $x,y \in P$ 且 $x \prec y$, 相应区间 $[x,y]$ 有限, 则称 P 是局部有限偏序集.

这个定义对我们能够处理的集合做出了一定限制. 前面提到的差分问题和数论反演问题都涉及正整数集合, 尽管二元关系不同, 都属于无限集, 但是它们都符合局部有限偏序集的要求. 图 7.2 是 Rota 的名言, 译成中文是: "上帝创造了无限, 但人类无法理解无限, 只好发明有限集."

前面的经验告诉我们, 有关偏序集中 $\zeta(x,y)$ 的矩阵元是可以直接由定义得到的, $\mu(x,y)$ 中的矩阵元也可以由定义加上一系列求和关系 (或对易关系) 直接得到. 这两个函数矩阵之间存在倒易关系

$$\zeta \cdot \mu = I \tag{7.2}$$

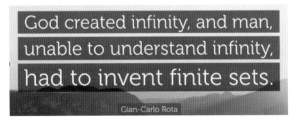

图 7.2　Rota 名言

或

$$\sum_{x \preceq z \preceq y} \mu(x, z)\zeta(z, y) = \delta_{x,y}. \tag{7.3}$$

将此方程和 $\zeta(x, y)$ 的定义联系起来即可证明下面的定理.

定理 7.1 $\mu(x, y)$ 必符合下述三个条件:
(1) 对于任意 $x \in P$, 总有 $\mu(x, x) = 1$;
(2) 对于 $x, y \in P$, 且 $x \npreceq y$, 总有 $\mu(x, y) = 0$;
(3) 对于 $x, y \in P$, 且 $x \preceq y$, 必有

$$\sum_{x \preceq z \preceq y} \mu(x, z) = \delta_{x,y}. \tag{7.4}$$

其实, 定理 7.1 中 (3) 已经把 (1) 和 (2) 包括在内了. 它的地位相当于第一章和第二章中的 $\sum_{n|k} \mu(n) = \delta_{k,1}$. 确切地说, 是 $\sum_{n|k} r^{-1}(n)r(k/n) = \delta_{k,1}$ 或 $r^{-1} \otimes r = \delta$, 这里则是 $\mu \cdot \zeta = \delta$.

一般书上为了使用方便, 也为了避免直接证明的烦琐, 就把结果用定义的方式端了出来 (这和数论中引进 Möbius 函数的步骤类似).

定义 7.4 设 P 是局部有限偏序集, 若 P 上二元函数 $\mu(x, y)$ 满足下述三个条件:
(1) 对于任意 $x \in P$, 总有 $\mu(x, x) = 1$,
(2) 对于 $x, y \in P$, 若 $x \npreceq y$, 总有 $\mu(x, y) = 0$,
(3) 对于 $x, y \in P$, 若 $x \preceq y$, 必有

$$\sum_{x \preceq z \preceq y} \mu(x, z) = \delta_{x,y},$$

则称 $\mu(x, y)$ 为此局部有限偏序集 P 上的 Möbius 函数.

可以证明, 这个 Möbius 函数必为 P 上关联函数 $\zeta(x, y)$ 的逆. 这说明, $\mu(x, y)$ 的定义和 $\zeta(x, y)$ 的定义是自洽的. 其实, 有了一个, 另一个是可以推出来的. 这里的关系

$$\zeta \cdot \mu = \delta \quad \text{或} \quad \sum_j \zeta(i, j)\mu(j, k) = \delta_{i,k} \tag{7.5}$$

就相当于前面的对易关系

$$r \otimes r^{-1} = \delta \quad \text{或} \quad \iota \otimes \mu = \delta.$$

进一步, 前面的反演公式

$$F = r \otimes f \Longleftrightarrow f = r^{-1} \otimes F$$

就推广为

$$F = \zeta \cdot f \Longleftrightarrow f = \mu \cdot F. \tag{7.6}$$

数学书把这写得很正规, 如下节所述.

7.4 局部有限偏序集上的 Möbius 反演

定理 7.2 (偏序集上的 Möbius 反演第一公式) 若 P 代表局部有限偏序集, $x, y \in P$, 集上两个函数 $f(x)$ 与 $g(x)$ 都在实数域 R 上取值, P 中最小元素 $\varnothing$ 为 0, 则有下述结论:

若对任意 $x \in P$ 均有

$$g(x) = \sum_{y \preceq x} f(y)\zeta(y, x), \tag{7.7}$$

则

$$f(x) = \sum_{y \preceq x} g(y)\mu(y, x) \tag{7.8}$$

对任意 $x \in P$ 均成立. 反之亦然. 换言之,

$$g(x) = \sum_{y \preceq x} f(y)\zeta(y, x) \Longleftrightarrow f(x) = \sum_{y \preceq x} g(y)\mu(y, x). \tag{7.9}$$

定理 7.3 (偏序集上的 Möbius 反演第二公式) 若 P 代表局部有限偏序集, $x, y \in P$, 它的最大元素为 Ω, 集上两个函数 $f(x)$ 与 $g(x)$ 都在实数域 R 上取值, 则有下述结论:

若对任意 $x \in P$ 均有

$$g(x) = \sum_{x \preceq y} \zeta(x, y)f(y), \tag{7.10}$$

则

$$f(x) = \sum_{x \preceq y} \mu(x, y)g(y) \tag{7.11}$$

对任意 $x \in P$ 均成立. 反之亦然. 换言之,

$$g(x) = \sum_{x \preceq y} \zeta(x,y)f(y) \Longleftrightarrow f(x) = \sum_{x \preceq y} \mu(x,y)g(y). \tag{7.12}$$

证明　因为 P 是包含最大元 Ω 的局部有限偏序集, 区间 $[x, \Omega]$ 必是有限集, (7.10) 和 (7.11) 式中的求和都是有限和. 假定 (7.10) 式成立, 则

$$\sum_{x \preceq y} \mu(x,y)g(y) = \sum_{x \preceq y} \mu(x,y)\Big[\sum_{y \preceq z} \zeta(y,z)f(z)\Big]$$

$$= \sum_{x \preceq z} f(z)\Big[\sum_{x \preceq y \preceq z} \zeta(y,z)\mu(x,y)\Big]$$

$$= \sum_{x \preceq z} f(z)\delta_{x,z} = f(x).$$

7.5　晶格反演与局部有限偏序集

前面讲的晶格反演公式可以表示成

$$E(x) = \frac{1}{2}\sum_{n=1}^{\infty} r(n)\Phi\Big(b(n)x\Big) \Longleftrightarrow \Phi(x) = 2\sum_{n=1}^{\infty} r^{-1}(n)E\Big(b(n)x\Big), \tag{7.13}$$

其中原子间最近邻间距 x 的定义域是无限的, 即 $x \in (0, \infty)$. 与此同时, 距离函数 $b(n)$ 满足乘法半群的要求, 反演关系才成立. 若半群关系不存在, (7.13) 右侧关系不再成立, 左侧关系继续有效.

如图 7.3 左图所示, 任意参考原子周围存在许多原子壳层, 第 n 个壳层的半径就是 $b(n)$, 该壳层上的原子数就是 $r(n)$. 但是, 乘法半群的分析或构造都很麻烦. 为了摆脱要求 $b(n)$ 符合乘法半群的束缚, 下面提出一种新的近似计算方案: 将感兴趣且可操作的原子间距限定在一个适当范围 $[x_0, x_M]$ 内, 对此再用数列

$$x_0, x_1, x_2, \cdots, x_{99}, x_M = x_{100}$$

等分成很多个小间隔, 例如, 编号从 1 到 100 的小间隔 (图 7.3 右图只画出 10 个小间隔):

$$(x_0, x_1], (x_1, x_2], (x_2, x_3], \cdots, (x_{98}, x_{99}], (x_{99}, x_M].$$

现在规定结合能 $E(x)$ 和原子势 $\Phi(x)$ 的自变量 x 只能在集合

$$[x_0, x_1, x_2, \cdots, x_{99}, x_M]$$

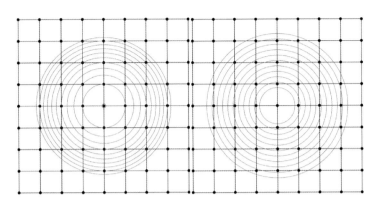

图 7.3 左图中每个格点都在同心圆上, 右图中格点在同心圆间隔中也出现

中取值. 这时的 $b(n)$ 已经失去了格点间距的意义, 更谈不上符合乘法半群的要求, 而 $r(n)$ 也不再担任配位数的角色. $b(n)x$ 只能近似在集合 $[x_0, x_1, x_2, \cdots, x_M]$ 中选取, 这时 $b(n)x_j$ 若落在某个间隔 $(x_{\ell-1}, x_\ell]$ 之中, $\Phi(b(n)x_j)$ 就要适当地在 $\Phi(x_{\ell-1})$ 和 $\Phi(x_\ell)$ 二者间做线性插入, 即

$$\Phi(b(n)x_j) = \frac{x_\ell - b(n)x_j}{x_\ell - x_{\ell-1}}\Phi(x_{\ell-1}) + \frac{b(n)x_j - x_{\ell-1}}{x_\ell - x_{\ell-1}}\Phi(x_\ell).$$

这可简记作

$$\Phi(b(n)x_j) = a_{\ell-1}^{(n,j)}\Phi(\ell-1) + a_\ell^{(n,j)}\Phi(\ell). \tag{7.14}$$

原来 $E(j) \equiv E(x_j)$ 与 $\Phi(b(n)x_j)$ 之间的关系被 $E(j)$ 与 $\Phi(\ell-1)$ 以及与 $\Phi(\ell)$ 之间的关系替代. 要注意, $\Phi(\ell-1)$ 与间隔 $(\ell-2, \ell-1]$ 也有关, $\Phi(\ell)$ 与间隔 $(\ell+1, \ell+2]$ 也有关. 因此, 可以得到

$$E(j) = \sum_{\ell=j}^{M} A_{j,\ell}\Phi(\ell), \tag{7.15}$$

其中 $A_{j,\ell}$ 是某些 $a_{\ell-1}^{(n,j)}$ 的叠加.

引入向量

$$\boldsymbol{E} = \Big[E(1), E(2), E(3), \cdots, E(M) \Big]^{\mathrm{T}}, \tag{7.16}$$

$$\boldsymbol{\Phi} = \Big[\Phi(1), \Phi(2), \Phi(3), \cdots, \Phi(M) \Big]^{\mathrm{T}}, \tag{7.17}$$

则有

$$\boldsymbol{E} = A\boldsymbol{\Phi}. \tag{7.18}$$

由于对确定的 ℓ 和 j, 必有 $\ell \geqslant j$, 所以 A 是上三角矩阵. 显然, 当 $\ell < j$ 时, $A_{j,\ell} = 0$.

对于 $M = 100$ 的情况, 可得到 100 个类似于 (7.15) 式的方程构成的方程组:

$$E(x_1) = r(1,1)\Phi(x_1) + r(1,2)\Phi(x_2) + r(1,3)\Phi(x_3) + r(1,4)\Phi(x_4) + \cdots,$$
$$E(x_2) = \underline{r(2,1)\Phi(x_1)} + r(2,2)\Phi(x_2) + r(2,3)\Phi(x_3) + r(2,4)\Phi(x_4) + \cdots,$$
$$E(x_3) = \underline{r(3,1)\Phi(x_1) + r(3,2)\Phi(x_2)} + r(3,3)\Phi(x_3) + r(3,4)\Phi(x_4) + \cdots,$$
$$E(x_4) = \underline{r(4,1)\Phi(x_1) + r(4,2)\Phi(x_2) + r(4,3)\Phi(x_3)} + r(4,4)\Phi(x_4) + \cdots,$$
$$\cdots\cdots$$
$$E(x_M) = r(M,M)\Phi(x_M),$$

或简记为

$$E(j) = \sum_{\ell=j}^{M} r(j,\ell)\Phi(\ell). \tag{7.19}$$

注意, 当 $j > \ell$ 时, 所有 $r(j,\ell) = 0$ (有下划线者). 因此, 方程组涉及的只是主对角元为 $r(j,j)$ 的上三角矩阵, 上三角矩阵的求逆等运算都很便易. 其实, 数列 $x_0, x_1, x_2, \cdots, x_M$ 完全满足局部有限偏序集定义, 其上的关联矩阵就是 $r(j,k)$. 由于上三角矩阵的逆就是相应的 Möbius 矩阵 $\mu(j,k)$, 用递推公式很容易把它的所有矩阵元 $r^{-1}(j,k)$ 都求出来. 因此, 晶格反演的结果直接得到, 即

$$\Phi(x_j) = \sum_{k=j}^{M} r^{-1}(j,k)E(x_k). \tag{7.20}$$

在计算机已经普及的今天, 这种数值计算是很方便的.

7.6　界面反演与局部有限偏序集

界面结构十分复杂, 即使是理想化的共格原子模型, 也很难去分析判断已知界面结构中原子位置之间是否能构成半群之类的代数关系. 因此, 在计算机能力愈来愈强的条件下, 把一定范围内各类原子间距排成有序数列纳入局部有限偏序集的范畴, 成为一条解决界面黏结能反演问题的行之有效的途径.

按照局部有限偏序集的观念, 第四章界面黏结能逆问题一节中, Ag/MgO 界面在 Ag 原子正好对着 Mg 离子的情况下的黏结能可表示为

$$E_{\mathrm{Mg}}(x_j) = \sum_{k=j}^{M} r_{\mathrm{Ag-Mg}}^{\mathrm{Mg}}(j,k)\Phi_{\mathrm{Ag-Mg}}(x_k) + \sum_{k=j}^{M} r_{\mathrm{Ag-O}}^{\mathrm{Mg}}(j,k)\Phi_{\mathrm{Ag-O}}(x_k).$$

在 Ag 原子对着 O 离子的情况下的黏结能可表示为

$$E_{\mathrm{O}}(x_j) = \sum_{k=j}^{M} r_{\mathrm{Ag-Mg}}^{\mathrm{O}}(j,k)\varPhi_{\mathrm{Ag-Mg}}(x_k) + \sum_{k=j}^{M} r_{\mathrm{Ag-O}}^{\mathrm{O}}(j,k)\varPhi_{\mathrm{Ag-O}}(x_k).$$

这两个方程组可以分别写成

$$
\begin{bmatrix} E_{\mathrm{Mg}}(x_1) \\ \vdots \\ \vdots \\ \vdots \\ \vdots \\ E_{\mathrm{Mg}}(x_M) \end{bmatrix}
=
\begin{bmatrix}
r_{\mathrm{Ag-Mg}}^{\mathrm{Mg}}(x_1) & \cdots & \cdots\cdots\cdots & r_{\mathrm{Ag-Mg}}^{\mathrm{Mg}}(x_M) \\
0 & r_{\mathrm{Ag-Mg}}^{\mathrm{Mg}}(x_2) & \cdots\cdots\cdots & \cdots \\
0 & 0 & \cdots\cdots\cdots & \cdots \\
0 & 0 & 0 \cdots\cdots\cdots & \cdots \\
\vdots & \vdots & \vdots\ \vdots\ \vdots\ \vdots & \vdots \\
0 & 0 & \cdots\ 0\ \cdots r_{\mathrm{Ag-Mg}}^{\mathrm{Mg}}(x_M)
\end{bmatrix}
\begin{bmatrix} \varPhi_{\mathrm{Ag-Mg}}(x_1) \\ \vdots \\ \vdots \\ \vdots \\ \vdots \\ \varPhi_{\mathrm{Ag-Mg}}(x_M) \end{bmatrix}
$$

$$
+
\begin{bmatrix}
r_{\mathrm{Ag-O}}^{\mathrm{Mg}}(x_1) & \cdots & \cdots\cdots\cdots & r_{\mathrm{Ag-O}}^{\mathrm{Mg}}(x_M) \\
0 & r_{\mathrm{Ag-O}}^{\mathrm{Mg}}(x_2) & \cdots\cdots\cdots & \cdots \\
0 & 0 & \cdots\cdots\cdots & \cdots \\
0 & 0 & 0 \cdots\cdots\cdots & \cdots \\
\vdots & \vdots & \vdots\ \vdots\ \vdots\ \vdots & \vdots \\
0 & 0 & \cdots\ 0\ \cdots r_{\mathrm{Ag-O}}^{\mathrm{Mg}}(x_M)
\end{bmatrix}
\begin{bmatrix} \varPhi_{\mathrm{Ag-O}}(x_1) \\ \vdots \\ \vdots \\ \vdots \\ \vdots \\ \varPhi_{\mathrm{Ag-O}}(x_M) \end{bmatrix}
$$

以及

$$
\begin{bmatrix} E_{\mathrm{O}}(x_1) \\ \vdots \\ \vdots \\ \vdots \\ \vdots \\ E_{\mathrm{O}}(x_M) \end{bmatrix}
=
\begin{bmatrix}
r_{\mathrm{Ag-Mg}}^{\mathrm{O}}(x_1) & \cdots & \cdots\cdots\cdots & r_{\mathrm{Ag-Mg}}^{\mathrm{O}}(x_M) \\
0 & r_{\mathrm{Ag-Mg}}^{\mathrm{O}}(x_2) & \cdots\cdots\cdots & \cdots \\
0 & 0 & \cdots\cdots\cdots & \cdots \\
0 & 0 & 0 \cdots\cdots\cdots & \cdots \\
\vdots & \vdots & \vdots\ \vdots\ \vdots\ \vdots & \vdots \\
0 & 0 & \cdots\ 0\ \cdots r_{\mathrm{Ag-Mg}}^{\mathrm{O}}(x_M)
\end{bmatrix}
\begin{bmatrix} \varPhi_{\mathrm{Ag-Mg}}(x_1) \\ \vdots \\ \vdots \\ \vdots \\ \vdots \\ \varPhi_{\mathrm{Ag-Mg}}(x_M) \end{bmatrix}
$$

$$
+
\begin{bmatrix}
r_{\mathrm{Ag-O}}^{\mathrm{O}}(x_1) & \cdots & \cdots\cdots\cdots & r_{\mathrm{Ag-O}}^{\mathrm{O}}(x_M) \\
0 & r_{\mathrm{Ag-O}}^{\mathrm{O}}(x_2) & \cdots\cdots\cdots & \cdots \\
0 & 0 & \cdots\cdots\cdots & \cdots \\
0 & 0 & 0 \cdots\cdots\cdots & \cdots \\
\vdots & \vdots & \vdots\ \vdots\ \vdots\ \vdots & \vdots \\
0 & 0 & \cdots\ 0\ \cdots r_{\mathrm{Ag-O}}^{\mathrm{O}}(x_M)
\end{bmatrix}
\begin{bmatrix} \varPhi_{\mathrm{Ag-O}}(x_1) \\ \vdots \\ \vdots \\ \vdots \\ \vdots \\ \varPhi_{\mathrm{Ag-O}}(x_M) \end{bmatrix}.
$$

上面两组方程中每一个都无法求解, 它们并起来就成为由 4 个上三角子矩阵构成的矩阵, 这时的方程 (7.22) 就可以求解了:

$$
\begin{bmatrix} E_{\mathrm{Mg}}(x_1) \\ \vdots \\ E_{\mathrm{Mg}}(x_M) \\ E_{\mathrm{O}}(x_1) \\ \vdots \\ E_{\mathrm{O}}(x_M) \end{bmatrix} = \begin{bmatrix} & 0 & & 0 \\ & & & \\ & 0 & & 0 \end{bmatrix} \begin{bmatrix} \Phi_{\mathrm{Ag-Mg}}(x_1) \\ \vdots \\ \Phi_{\mathrm{Ag-Mg}}(x_M) \\ \Phi_{\mathrm{Ag-O}}(x_1) \\ \vdots \\ \Phi_{\mathrm{Ag-O}}(x_M) \end{bmatrix}. \tag{7.21}
$$

有关界面反演的计算几乎都用矩阵方法, 并用插值法提高其精度. 从半群方法变到上三角矩阵方法始于对金属/Al_2O_3 界面的研究, 因为无法分析和确定此材料的半群结构, 才有此转变. 直观上讲, 偏序集上关联矩阵的最大特点就是上三角 (或下三角), 所以它能概括乘法半群的 Möbius 矩阵、加法半群的 Toeplitz 矩阵, 它们都是上三角矩阵中简单有序的类型. 这个方法首先是由龙瑶提出来的 [Lon2007, Lon2008a, Lon2008b, Lon2008c, Lon2008d, Lon2008e].

界面反演新方法和此前关于界面各种方法相比较, 系统性和可操作性有明显增强. 它不但能系统地求解界面两侧原子 – 原子和离子 – 离子的相互作用势, 还能获取界面两侧的原子 – 离子相互作用势. 注意, 这里的界面体系研究和前面的晶体研究是很不同的, 前者从亚稳的共格结构出发, 后者从稳定的晶体基态结构出发.

7.7　团簇展开方法

前面讨论的是理想晶体和理想界面, 这一节要介绍团簇 (cluster) 的原子级算法问题. 这时的原子相互作用势不仅有二体势或对势, 还包括多体势. 设想一个静止的四原子体系的组态可表为 (X_1, X_2, X_3, X_4). 若只考虑原子之间存在的二体、三体、四体相互作用势, 体系中就存在 1 个四原子团簇、4 个三原子团簇和 6 个二原子团簇. 今将每个团簇内的原子相互作用势定义为团簇总能减去所有单个孤立原子的能量, 并假定原子相互作用势仅仅决定于原子的种类和它在团簇内的位置, 与其他周边环境无关. 例如:

$$
\begin{aligned}
\mathcal{E}(1,2) &= E(1,2) - E(1) - E(2) = V(1,2), \\
\mathcal{E}(1,3) &= E(1,3) - E(1) - E(3) = V(1,3), \\
\mathcal{E}(1,4) &= E(1,4) - E(1) - E(4) = V(1,4),
\end{aligned}
$$

$$\mathcal{E}(2,3) = E(2,3) - E(2) - E(3) = V(2,3),$$

$$\mathcal{E}(2,4) = E(2,4) - E(2) - E(4) = V(2,4),$$

$$\mathcal{E}(3,4) = E(3,4) - E(3) - E(4) = V(3,4),$$

$$\mathcal{E}(1,2,3) = E(1,2,3) - E(1) - E(2) - E(3)$$
$$= V(1,2,3) + V(1,2) + V(1,3) + V(2,3),$$

$$\mathcal{E}(1,2,4) = E(1,2,4) - E(1) - E(2) - E(4)$$
$$= V(1,2,4) + V(1,2) + V(1,4) + V(2,4),$$

$$\mathcal{E}(1,3,4) = E(1,3,4) - E(1) - E(3) - E(4)$$
$$= V(1,3,4) + V(1,3) + V(1,4) + V(3,4),$$

$$\mathcal{E}(2,3,4) = E(2,3,4) - E(2) - E(3) - E(4)$$
$$= V(2,3,4) + V(2,3) + V(2,4) + V(3,4),$$

$$\mathcal{E}(1,2,3,4) = E(1,2,3,4) - E(2) - E(3) - E(4)$$
$$= V(1,2,3,4) + V(1,2,3) + V(1,2,4) + V(1,3,4) + V(2,3,4)$$
$$+ V(1,2) + V(1,3) + V(1,4) + V(2,3) + V(2,4) + V(3,4).$$

此处 $(1,2,3)$ 代表 (X_1, X_2, X_3) 的缩写, 其他类似. 另外, $E(2,3,4)$ 之类的总能均可用第一性原理计算得到. 由上即得

$$\begin{cases} V(i,j) = \mathcal{E}(i,j), \\ V(1,2,3) = \mathcal{E}(1,2,3) - \Big[\mathcal{E}(1,2) + \mathcal{E}(1,3) + \mathcal{E}(2,3)\Big], \\ V(1,2,4) = \mathcal{E}(1,2,4) - \Big[\mathcal{E}(1,2) + \mathcal{E}(1,4) + \mathcal{E}(2,4)\Big], \\ V(1,3,4) = \mathcal{E}(1,3,4) - \Big[\mathcal{E}(1,3) + \mathcal{E}(1,4) + \mathcal{E}(3,4)\Big], \\ V(2,3,4) = \mathcal{E}(2,3,4) - \Big[\mathcal{E}(2,3) + \mathcal{E}(2,4) + \mathcal{E}(3,4)\Big], \\ V(1,2,3,4) = \mathcal{E}(1,2,3,4) - \Big[\mathcal{E}(1,2,3) + \mathcal{E}(1,2,4) + \mathcal{E}(1,3,4) + \mathcal{E}(2,3,4)\Big] \\ \qquad\qquad + \Big[\mathcal{E}(1,2) + \mathcal{E}(1,3) + \mathcal{E}(1,4) + \mathcal{E}(2,3) + \mathcal{E}(2,4) + \mathcal{E}(3,4)\Big]. \end{cases} \tag{7.22}$$

用偏序集 POSET 的语言, 即使体系中包含更多的原子, 这些团簇也都可以看成一个有限偏序集 $P_f(S)$:

$$(1,2), (1,3), \cdots, (1,2,3), (1,2,4), \cdots, (1,2,3,4), (2,3,4,5), \cdots,$$

规定它们之间的偏序关系为包含关系, 即用 $\preceq$ 表示 $\subseteq$, 则有

$$(1,2) \preceq (1,2,3) \preceq (1,2,3,4) \preceq (1,2,3,4,5) \cdots,$$

$$(1,2) \npreceq (1,3) \preceq (1,3,5) \npreceq (1,3,6,7,8) \cdots.$$

在这样的基础上, 任何团簇的结合能与团簇内的各种相互作用势之间的关系就可以写成

$$\mathcal{E}(x) = \sum_{y \preceq x} V(y), \qquad 若\ x,y \in P_f(S). \tag{7.23}$$

根据偏序集上的 Möbius 反演公式即得

$$V(x) = \sum_{y \preceq x} \mathcal{E}(y)\mu(y,x), \tag{7.24}$$

其中的 Möbius 函数可定义为

$$\mu(x,y) = \begin{cases} 0, & 若\ y \npreceq x, \\ (-1)^{|x|-|y|}, & 若\ y \preceq x. \end{cases} \tag{7.25}$$

上面的例子其实就相当于容斥定理的一个特例.

一般情况下, 对一个多原子系统而言, 要考虑的多体势的类型是有限的, 最简单的情况就是长程二体势加上短程三体势. 一个 M 个粒子系统中的总能可表示为

$$E_P = E_P(X_1, X_2, \cdots, X_M), \tag{7.26}$$

而相应的结合能是

$$\mathcal{E}_P = E_P(X_1, X_2, \cdots, X_M) - \sum_{n=1}^{M} E(X_n). \tag{7.27}$$

这里引入的 P 代表团簇展开的阶数, 换句话说, 各子团簇中原子数 N 只能是 $N = 2,3,\cdots,P$, 更高数目的多体相互作用势 $V^{(P+s)}(s \geqslant 1)$ 均忽略不计. 现在, 用 $\mathcal{E}_P$ 表示 M 系统中所有可能的相互作用势的总和, 即

$$\mathcal{E}_P = \mathcal{E}_P(X_1, X_2, \cdots, X_M) = \sum_{N=2}^{P} \mathcal{E}^{(N)}(X_1, X_2, \cdots, X_M), \tag{7.28}$$

其中每个团簇的能量 $\mathcal{E}^{(N)}$ 都可以写成其内各种结合能之和:

$$\mathcal{E}^{(N)}(X_1, X_2, \cdots, X_M)$$

$$= \sum_{m_1=1}^{M} \sum_{m_2=m_1+1}^{M} \cdots \sum_{m_N=m_{N-1}+1}^{M} V^{(N)}(X_{m_1}, X_{m_2}, \cdots, X_{m_M}). \tag{7.29}$$

这里的求和遍历每一对不同的角标. 这里还假定, 所选择的 $V^{(N)}$ 是不依赖周围环境的: 它和系统中的原子 $\boldsymbol{R}_1, \boldsymbol{R}_2, \cdots, \boldsymbol{R}_N$ 的结构分布无关, 可适用于任何的原子组态, 包括固态、液态和气态. 根据偏序集上的 Möbius 反演公式, 即得

$$V^{(N)}(X_1, X_2, \cdots, X_M)$$
$$= \sum_{L=2}^{N} (-1)^{N-L} \sum_{m_1=1}^{M} \sum_{m_2=m_1+1}^{M} \cdots \sum_{m_L=m_{L-1}+1}^{M} \mathcal{E}_L(X_{m_1}, X_{m_2}, \cdots, X_{m_L}). \quad (7.30)$$

注意, 上面的推导是以 N 体势 $V^{(N)}$ 的独特定义为前提的, 所谓结构无关来自它和环境没有任何牵连. 事实上, 这里也不存在有关环境的任何信息. 因此, 一旦获得了这些 $V^{(N)}$, 就可根据上述方程来计算 $\mathcal{E}^{(M)}$ 和 $E^{(M)}$, 不管是气态、液态还是固态材料, 因为这些 $V^{(N)}$ 是完全适用于各种组态的. 当然, 对于一个具体系统的计算还会出现其他一些问题, 例如对于 M 和 P 比较大的情况, 所涉及的团簇数目就会很大. 在实践中, 为了减少团簇的总数, 设计或采用什么样的近似模型是十分重要的, 这样就可以使反演简化. 实际上, 团簇展开法关于多体势与环境无关的假定在第一性原理计算中就不可能完全满足, 所以不可能得到完全符合预想的结果. 但是, 目前它的应用正扩张到多种合金体系. 这种不合理的应用发展从科学上来看不见得有广阔前途, 但从技术发展的角度看, 必有其存在的空间. 原因之一是, 没有探索多体势的其他更好方法; 原因之二是, 这几年计算机的速度愈来愈快. 详细讨论可参阅 [Dra2004, Gen2005, Gen2006, Sun2008].

回 头 看

前面讨论的 Bose 体系、Fermi 体系、晶格体系和界面体系逆问题中, 因其隐含的乘法半群、加法半群等序关系, 使相应的 (特定层次) 科学问题取得比较系统的带有美感的解决. 俗语说, 苦海无边, 回头是岸. 这一章就是 "回头是岸", 把这些序关系概括推广为偏序集, 或可应用于工程技术和社会经济中某些复杂问题 [Fat2017]. 科学上的意趣和技术上的需求, 往往也是性相近、习相远, 相知、相别、相惜的关系. 看来, 科学上的美感偏重理性的享受, 技术上的美感注重实用的快感. 可以预料, 偏序集对时间序列和图像集合的处理会带来更有趣的结果 [Bab96].

希望本章的概括会引起读者诸君更加活跃的思考. 古人云, 道可道, 非常道, 此处可谓, 序有序, 非常序.

第八章　为了忘却的纪念

戏推物理越戏越真, 曲尽人情愈曲愈妙

Möbius 反演公式在数学中所占篇幅不大, 地位不高. 由于它和物理中几个比较缠人的逆问题发生了出乎意外的联系, 人们终于在物理和数学之间建造了一座新的并非平庸的小桥, 并因此使人们对物理问题有了新的观察和分析的工具. 值得欣慰的是, 相关的命题、方法均为国人独立自主所创. 英国的 Maddox 在 *Nature* 杂志上做出整版评论, 庆贺这条本让一般人感到别扭的数论定理对物理中逆问题的成功应用 [Mad90]. 有趣的是, 有关应用几乎不需要数论的知识. 哈佛大学的 Bazant 调动了哈佛图书馆的检索能力, 对 Möbius 反演公式在数学中发生、发展和应用的故事做出了比较详细的叙述 [Baz98]. 值得注意的是, 人们在对物理与数学的结合中, 往往过多地强调数学的作用, 甚至要求非数学专业的学生学习过多的数学课程, 笔者对此不表认同, 因为物理和数学本是性相近、习相远的两个相对独立的个体, 物理要用的基本上不是纯粹数学, 而是与物理模型相关的数学表述.

8.1　对偶关系是反演公式的灵魂

其实, Möbius 反演公式的效用和美感均来自对偶关系. 对偶关系的威力在计算上能使许多正负错落分散的振荡项巧妙地互相抵消, 并使解得到简明的表达且易于分析. 对偶关系也称为倒易关系, 它的美妙和 Kronecker (1823—1891, 见图 8.1) δ 函数紧密相关, 而且多种多样. 当你对对偶之美产生了欣赏和追求的激情, 你就会从各种各样的物理中的逆问题里不断找到开花结果的机遇.

在天体物理中黑体辐射逆问题上产生大量应用的是

$$W(\nu) = \frac{2h\nu^3}{c^2} \int_0^\infty \frac{a(T)\mathrm{d}T}{\mathrm{e}^{h\nu/kT} - 1}$$

$$\xrightarrow{\sum_{n|k} \mu(n) = \delta_{k,1}}$$

$$a(T) = \frac{c^2}{2kT^2} \sum_{n=1}^\infty \frac{\mu(n)}{n^3} \mathcal{L}^{-1}\left[\frac{W(n\nu)}{\nu^3}; \nu \to \frac{h}{kT}\right].$$

若频谱测量中最高频率为 ν_{M}, 则上述求和上限的 ∞ 应改为 ν_{M}/ν. 这个对偶关系也可用来解决比热逆问题等物理问题.

图 8.1 Kronecker

对材料物理中晶格逆问题引起广泛应用的是

$$E(x) = \frac{1}{2} \sum_{n=1}^{\infty} R(n) \Phi\Big(B(n)x\Big)$$

$$\xrightarrow[\{B(n)\}\text{是乘法半群}]{\substack{\sum\limits_{B(m)B(n)=B(k)} R^{-1}(n)R(m)=\delta_{k,1}}}$$

$$\Phi(x) = 2 \sum_{n=1}^{\infty} R^{-1}(n) E\Big(B(n)x\Big).$$

如果物理上没有办法得到结合能 $E(x)$ 的表达式, 一切就无从谈起. 在稀土金属间化合物的有关计算中, 这点尤为突出. 这个对偶关系还可用到双正交调制解调器的设计, 因为对任意正整数 N, 定义两个非正交函数组

$$H_k(t) = \sum_{q=1}^{[N/k]} r(q) \sin kqt \quad (1 \leqslant k \leqslant N),$$

$$H_\ell(t) = \sum_{q=1}^{[N/k]} r^{-1}\left(\frac{l}{s}\right) \sin st \quad (1 \leqslant k \leqslant N),$$

则它们之间存在双正交关系

$$\frac{1}{\pi} \int_0^{2\pi} H_k(t) H_\ell(t) \mathrm{d}t \xrightarrow{\substack{\sum\limits_{n|k} r^{-1}(n) r\left(\frac{k}{n}\right)=\delta_{k,1}}} \delta_{k,\ell}.$$

在界面物理的黏结能逆问题中应用得较多的是

$$E(x) = \sum_{\ell_1,\ell_2=0}^{\infty} \sum_{n=-\infty}^{\infty} \Phi\left(\sqrt{(x+\ell_1 a+\ell_2 b)^2 + n^2 a^2}\right)$$

$$\xrightarrow{\sum\limits_{0\leqslant m\leqslant k} r_{\oplus}^{-1}(m)r(k-m)=\delta_{k,0}}$$

$$\Phi(x) = \sum_{m=0}^{\infty} r_{\oplus}^{-1}(m)\left[E\left(\sqrt{x^2+ma^2}\right) - E\left(\sqrt{x^2+ma^2}+a\right)\right.$$
$$\left. - E\left(\sqrt{x^2+ma^2}+b\right) + E\left(\sqrt{x^2+ma^2}+a+b\right)\right].$$

获得这个关系的关键是共格双晶模型的提出, 而为了讨论刃型位错, 还可进一步提出半共格模型, 充分显示了物理模型的主导作用.

在广义 Chapman-Enskog 展开中则用到

$$g(\tau,t) = \sum_{n=0}^{\lceil \tau_{\max}/\tau \rceil} r(n)\tau^n \frac{\mathrm{D}^n}{\mathrm{D}t^n} f(\tau,t)$$

$$\xrightarrow{\sum\limits_{0\leqslant m\leqslant k} r_{\oplus}^{-1}(m)r(k-m)=\delta_{k,0}}$$

$$f(\tau,t) = \sum_{n=0}^{\lceil \tau_{\max}/\tau \rceil} r_{\oplus}^{-1}(n)\tau^n \frac{\mathrm{D}^n}{\mathrm{D}t^n} g(\tau,t),$$

消除了发散的困难. 这对流体力学中有关高超声速飞行器的计算、物理中的微扰论等或许都有应用 [She2017].

注意, 数学中的公式是永恒不变的, 它的假设和前提往往十分清晰. 物理公式虽然也来自推导, 但大多基于物理模型, 前提和假设常常 "尽在不言之中", 应用时必须头脑清醒, 明了哪些是可靠的、哪些是近似的、哪些是根据不足的. 例如, 第一性原理结合能与原子间相互作用势的关系 (5.7) 或 (5.16), 是晶格反演方法的出发点. 用数学方法做进一步推导, 数学家是没有意见的. 材料学家对此也甚表欢迎, 但可能提出是否应该纳入多体势的问题. 一些物理学家对这个公式在某些材料领域当前发展阶段起到的进步作用十分高兴, 认为这是对他们工作的支持. 但是, 有的物理学家则认为这个出发点就有问题, 第一性原理计算只对基态附近有效, 不可能适合晶格常数离开平衡晶格常数很大的情况; 另外, 第一性原理计算中晶格常数是变化的, 涉及原子内外电子云的变化, 这和把原子间作用势看成点与点之间的关系矛盾, 即使有多体势也不能完全自洽. 从上例中可以感受到, "数理方法" 作为学科上的总结常以数学为主线, 而在应用上则要由问题的动态目标来选择, 既有时代的特点, 也有学科的需求和偏见, 充满着 "不适定性". 各个学科都有自己的逻辑, 绝不是单用数学的逻辑来决定事物的发展的. 正如美国科学哲学家 Caws 所说: "科学发现的逻辑绝不仅仅是推导."

8.2　无知与偶然

20 世纪 80 年代, 不少学者投入黑体辐射逆问题的研究, 进行了各种深入的探索, 但是, 和 Möbius 反演挂上钩则颇为偶然. 笔者物理出身, 知道黑体辐射定律和比热定律对量子论诞生都起着重要作用, 认识到有关问题都应归结为 Bose 体系逆问题. 因此, 对两个逆问题都曾用迭代法试着处理, 结果产生的级数反演系数有完全相同的迹象. 当时我在北京科技大学工作, 就去请教精通代数的柳孟辉教授, 这类数列在数学上是不是有个什么说法. 他一看就说, 可能与 Möbius 函数相关. 当他知道我对此一无所知时, 立刻拉来一把椅子爬了上去, 掀起尘封已久的书架顶盖布, 抽出一本 40 年代龙门书局影印的 Hardy 的旧版书. 他很快找到一处打开, 左页有 Möbius 函数的定义, 右页有 Möbius 反演公式的介绍. 他随后带着我去复印了这两页后告诉我, 此书不能借给我. 他又说: "关于 Möbius 函数, 这两页就够了." 我当时理解, 这些又黄又脆的纸张很容易破损, 毕竟是抗战时西南联大留下的纪念品呀! 现在更体会到柳先生的高明, 他晓得我在这一步需要什么. 柳先生对我的这份因材施教和精准点拨, 实在令人深切念想. 回过头看, 笔者在 *Phys. Rev. Lett.* 上的文章 [Che90] 充分暴露出笔者当时在数学上对 Möbius 反演相当无知, 写出来的也是一碗夹生饭而已, 如果被一位单纯讲究数学严格的人审阅, 一定不能通过. 其实, 一个数学逻辑有所欠缺的人不见得不讲逻辑, 只是不同而已. 无论如何, 这也是幸运, 并不是所有审稿人都有这种眼光和善意的.

20 世纪 90 年代初, 人们对科学技术中逆问题的重视、对数论应用于物理的热切期盼, 以及黑体辐射逆问题的出现和持续八年的争论, "天时地利人和" 促成了物理中逆问题与 Möbius 反演在中国相遇、相知与相携.

Einstein 在 1921 年 1 月在普鲁士科学院的演说《几何与现实》中提到: "数学之所以在其他科学中享有特别的尊重, 一个原因是它的命题是绝对确定和无可争辩的, 而所有其他科学的命题在某种程度上都是有争议的, 而且经常有被新发现的事实推翻的危险." 他进一步提出: "只要让数学定律涉足现实世界, 它就会不那么确定; 当它们确定时, 就不能 (完全) 反映现实." 这本小书似乎也为 Einstein 的名言提供了实例: 古老的 Möbius 级数反演公式在数学上由于蹩脚的收敛性显得不甚确定, 以至于已从大多数数学教科书中被清除出门, 然而, 数学不够完美并没有影响到它对物理上的重要逆问题的推动. 反过来说, 当今十分流行的纯粹的 Möbius 数论反演公式尽管数学上完美无缺、应用广泛, 但迄今罕见有直接的物理应用. 当然, 实际存在的逆问题大都具有数学上的不适定性, 这也进一步说明了 Einstein 上述断言的合理和重要. 认识到数学和物理价值观的不同, 给应用问题的具体解决会带来新的生命力.

回　头　看

　　所有的科学、教育、文化都是为了帮助人类从旧的习俗中得到解放和进步, 而不是束缚在旧的观念之中. Einstein 说过: "教育是一个人忘记了在学校里学到的东西后剩下的东西." 现在, 我们经历了一场与 Möbius 反演一边相遇、相识, 一边告别的故事. 前面提到 "Möbius 反演的灵魂是对偶", 其实, 在学科交叉或应用中, "数学物理" 的灵魂既不是数学, 也不是物理, 而是交叉的不适定性. 交叉产生困惑, 因而带来新鲜的好奇与情趣.

　　上面提到过的几位 Möbius 反演有关人士的足迹就十分有趣. 1980 年才 27 岁的 Carlsson (图 8.2 左图) 后来到华盛顿大学医学院从事生物物理的研究, 在生物物理建模方面的工作处理了允许细胞移动、分裂和从外部摄取营养物质的分子尺度过程. 而 Bazant (图 8.2 中图) 在 1987 年取得博士学位后就到麻省理工学院 (MIT) 从事化工及应用数学的研究, 在锂电池的动力学过程研究方面取得了卓著成绩. 1980 年才出生的龙瑶 (图 8.2 右图), 在界面反演方面取得了显著的成绩之后, 转向固体

图 8.2　Carlsson, Bazant, 龙瑶

炸药的研究, 提出了对炸药评价的多种新的指标. 人类这种动物就是喜欢无中生有, 青出于蓝而胜于蓝, 数风流人物还看今朝. 君不见珠海陈家大院的对联所云:

　　戏推物理越戏越真, 曲尽人情愈曲愈妙.

附录 8.1　Möbius 其人其事

　　August Ferdinand Möbius (见图 8.3) 生于 1790 年, 他的父亲是一位舞蹈教师. Möbius 三岁时父亲病故, 一直跟随母亲 Johanne Keil (1756—1820) 生活, 她是新教创始人 Martin Luther 的后裔. 他到 14 岁才上学, 19 岁上了莱比锡大学 (见图 8.4). 他母亲要他学法律. 他坚持了不到一年, 就按自己的兴趣转到了天文系. 他是典型的 "宅男", 几乎一辈子就住在莱比锡城里, 而且是在同一所房子里. 当然, 他是宅

在天文学和数学里边. 他的中文译名多种多样, 例如梅比乌斯、麦比乌斯、默比乌斯、墨比乌斯、莫比乌斯等等. 笔者以为, 深谙英、德文字发音的王竹溪先生翻译得最好: 末毕乌斯.

图 8.3 Möbius 晚年肖像. 一位个子不高、微胖、朴实、终身勤奋的天文学家兼数学家

图 8.4　莱比锡大学, 产生 Leibniz, Goethe, Nietzsche 的地方

　　一般书上都说他是德国人, 准确地说, 他是撒克逊人. 在他的青少年时代, 德国还没有统一成普鲁士王国. 那时候的他并不喜欢普鲁士军队的气息. 1815 年, 25 岁的他正忙于完成博士论文, 有人提出要他去服兵役, 平常显得特别文静稳重的他突然也 "出离愤怒" 了. 他心中决不愿为普鲁士军队充当炮灰. 另外, 他出身贫寒, 对通过博士论文后就完全有资格进入知识分子阶层有强烈的愿望, 决不愿意放弃这个难得的机会. 他在给母亲的信中写道: "让我去服役, 简直就是陷害. 谁要是再敢向我提这事, 我非让他尝尝我的匕首不可."

　　童年缺少友伴, 对普鲁士军国主义的不屑, 使他生性孤僻内向, 不善言谈. 他的笨拙口才让一些本来对他的课程感兴趣的付费学生望而却步, 不愿上他的课. 因此, 为了招收一些学生, 他不得不免费提供课程. 这让人想起其他曾经穷困潦倒的伟人. 例如, 很少有学生去听 Newton 在剑桥的演讲, 以至于他经常只好面壁朗读. Maxwell 在剑桥的听众也很少, 不超过六名. Möbius 从 1816 年开始在莱比锡大学担任学校不发工资的编外教授, 不久后就一直兼职天文台以糊口. 由于讲课不能够吸引学生, 他经过 28 年后才当上正式教授. 话说回来, 当了无薪教授之后, 他的母亲就开始积极为他的婚姻筹划. 这位几何学直觉甚佳的年轻教授很快就喜欢上了一位漂亮女孩, 她父亲是个裁缝. 他们在 1818 年夏天订婚. 第二年冬天, 他们因 "一开始就发生的一点误会" 而解除了婚约. 当时, 他的母亲就感叹, "为什么婚姻一事常遭不幸". 翌年, 在母亲的安排下, 正当而立之年的他与一位医生的女儿 Dorothea Rothe (1790—1859) 订于 4 月 6 日结婚. 但是, 他的母亲没有等到大喜的日子, 在 3 月 4 日逝世, 婚礼只好办得很低调. Dorothea 有眼疾, 婚后几乎全盲, 但和他养育了一个女儿、两个儿子, 使他们受到良好的教育. 有人说, Möbius 的才智至少有一半来自他的夫人. 是啊, 与一位盲人相濡以沫 40 年, 一定会获得常人得不到的智慧.

Möbius 虽然喜欢数学, 但那个时候的德国数学没有形成英法那样的大气候, 数学家这行当收入很低. 找到个天文学的无薪教授职位就可在天文台兼职领薪, 可谓万幸. 事实上, Gauss 大多数时间都是以天文台职位谋生的. 等到 19 世纪中叶, 也就是 Möbius 晚年, 德国工业迅速发展, 出现了一大批世界级的数学家, 那时气象就完全不同了. Möbius 对待工作十分认真, 他写的天文台操作手册在他身后的德国得到长期应用. 上下班或散步时, 他仍全神贯注于数学与天文学, 在日常生活中往往丢三落四. 因此, 他外出时常常念念有词, 背诵着日耳曼口诀 "3S und Gut", 意即 Schlüssel (钥匙)、Schirm (雨伞)、Sacktuch (手帕), 以及 Geld (零钱)、Uhr (挂表) 和 Taschenbuch (记事本). 在那个时代, 几何学上有分析和综合两大学派, 争吵得很厉害, Möbius 对学问以外的事从不介入, 因此, 他能博采各家长处形成自己的独特风格. 他也不介意普法不睦造成的隔阂, 对法国同行的成就照样称颂和感激. 是啊, 科学的发展总是国际化的, 把科学思想输出到国界之外, 从来都不算是走私犯法.

一个天文学家, 怎么会对数学有如此的贡献? 这和他的经历, 包括 Gauss 在内的好几位数学大师的熏陶有关. 另外, 性格孤僻使他不去随俗做当时数学界的热点和重点, 踏踏实实坚守天文学的职业又使他的命题都受到天文学的启迪. 而由于天体不能就近观测, 天文学或天体物理中的命题几乎都涉及逆问题, 使他对如何提出新的命题具有特殊的洞察力.

Möbius 日常生活中的谦逊甚至羞涩, 与他那令人印象深刻的小环中透露的大胆、遐想和能力, 简直判若两人. 大多数数学家的数学天赋随着年龄的增长而减少, 但时间并没有磨灭 Möbius 的天赋. 他生前在天文学界还略有小名, 在数学界则默默无闻. 可是在他身后, 天文学界几乎忘掉了他的名字, 数学界里的名声却与日俱增. 更有甚者, 连艺术界也震撼不已. 甚至, 游乐场中的儿童都知道他的大名.

著名数学家 Courant (1888—1972) 在他的名著《什么是数学》(What is Mathematics?) 中指出, Möbius 是 19 世纪中叶一位伟大的几何学家, "此人做事从来低调, 不事张扬, 注定他一辈子在德国一个二流的天文台当个不露头的天文学家" (lack of self-assertion destined him to a career of an insignificant astronomer in a second rate Germany observatory). 其实, Gauss 生前曾对人说过, Möbius 是他学生中最聪敏的. 但是, Gauss 对他的培养着重在天文学方面, 并没有看清楚他的数学潜能. Möbius 发现 Möbius 环时 (1858) 已经 68 岁高龄! 大多数数学家到了这个年龄会失去创新灵感. 关于 Möbius 如何发现 "小环", 有一个传说很像 Newton 在苹果树下冥思, 落下的苹果引发奇思的故事. 1858 年, Möbius 对自己在 1840 年首先提出的四色问题又来了劲头. 有一天, 他百思不得其解, 搞得头昏脑涨之后外出散步. 低头拾起卷

曲的树叶, 看到一只甲壳虫从这片树叶正面爬到反面的踪迹, 就突发出 "怪圈" 的
奇想. 这个故事编得很有趣, 偶然和突发确实是发明和发现中常有的特征. 现在, 笔
者试着根据 Möbius 著作设想, 他将黄道带 (见图 8.5) 边缘上若干星体连线构成柱
状多面体展开后, 将其截断摊开 (见图 8.6 右下部分), 再重组柱状多面体时, 却出
现了 "怪胎". 这时, 故事就变了个样.

图 8.5　黄道带

　　大家知道, 由于星际距离测量的困难, 古代天文学家引入了天球概念, 记录下
来的所谓恒星和行星位置, 只是从地球上观察到的它们在天球上的投影. 从投影反
推天体的位置和运动是个典型的逆问题. 结果发现, 这些投影都集中在黄道附近的
一个环状区域, 称为黄道带. Möbius 是资深的天文学家, 对星体的观测和记录是他
的天职. 他深知, 在星体之间以直线相连就会构成各种各样很复杂的多面体. 而任
何一个多面体都可看成由若干四面体拼接而成. 与此同时, 把星体在天球上的投影
(都在黄道带内) 摊到一个平面上, 就会构成各种各样的多边形. 而任何一个多边形
都可以看成由若干三角形拼接而成. 所谓黄道带只是它们的包络而已 (图 8.6 右下
部分). 黄道带上沿各点记作 $A, C, E, G, \cdots, B'$, 下沿各点记作 $B, D, F, \cdots, A'$. 在
实际操作记录时, 这些点都用坐标标记. 他设想, 若把这长条两头再对接起来, 正常
情况下就恢复成一个正常环, 内外两个面, 上下两个边; 若把它看成三角形的集合,
加上多边形的上顶下底, 则构成一个多面体, 很像圆柱体. 万一 A 和 B 在记录中写
颠倒了, 或者, A 和 B 都是行星, 有些记录二者位置交换, 对接起来的黄道带就扭
转了 180 度, 会发生什么? 这或许就是奇怪的 Möbius 环的来源. Möbius 的原作里
只谈到多面体和多边形, 所附图形就是一个两端标有 AB 和 $A'B'$ 的长方条带. 今
天这么多姿多彩的 Möbius 环, 原文中一个也没有. 原著文章题目为 "多面体体积
之确定", 论证了这个扭曲环由于内外相通只有一个面, 相应体积为零, 藏得很深.
　　1858 年, 68 岁的 Möbius 把关于 "单侧" 曲面的论文送到普鲁士科学院. 还有

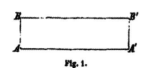

hat. Sind A, B, B', A' (vergl. Fig. 1) die vier Ecken desselben in ihrer Aufeinanderfolge, und wird er hierauf gebogen, so dass die Kante $A'B'$ sich stets parallel bleibt, bis sie zuletzt mit AB zusammenfällt, so erhält der Streifen die Form einer Cylinderfläche, also einer zweiseitigen Zone, welche die zwei nunmehr kreisförmigen Kanten AA' und BB' des anfänglichen

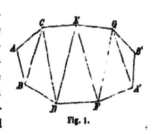

CDE, ..., MNA, NAB darstellt (Polyëdertheorie §. 8), von einander verschieden sind, so denke man sich die Zone längs der Kante AB durchschnitten und alsdann in einer Ebene ausgebreitet, so dass sie sich in eine Reihe von n an einander hängenden Dreiecken ABC, BCD, ... in einer Ebene verwandelt. Weil hiernach die Puncte A

图 8.6　Möbius 全集卷 II 中 484 页和 519 页的两张图

一个传说, 当时巴黎科学院设了 "多面体研究" 专项, Möbius 也想切题凑上去, 但他并不擅长法文, 该文就留在了德国. 就像他的其他重要贡献一样, 该文在科学院的文献堆里被埋没多年, 并没有引起注意. 他自己也未曾想象, 这件事在他身后的拓扑学中起到了如此重要的作用, 尤其没想到的是, 原本索然无味的图 8.6 会在后世衍生出一系列举世瞩目的艺术品 (例如图 8.7).

　　还有一个没有想到, 哥廷根还有另一位天文学家 Listing (1808—1882) 较早就独立地做出了类似的发现, 并发表在 1847 年出版的《拓扑学初步研究》上. 两位都先后受过 Gauss 的指点, 但 Listing 是 Gauss 亲自培养的博士. 有人猜测, Gauss 可能对他俩分别提示过这个想法. Listing 比 Möbius 小 18 岁, 逝世晚 14 年, 连 "topology" 这名词都是他发明的, 该算作拓扑学的鼻祖之一了吧. Listing 很聪明, 人缘很好, 他一直受到 Gauss 的提携. 此人兴趣广泛, 在磁测量、大地测量以及眼科相关的光学研究等方面也很有成绩, 很早就受聘为哥廷根大学物理系教授. 值得注意的是, 他患有轻度躁郁症, 缺乏常性, 在数学上没有持久的努力和深入. 以 Möbius 环为例, 他也提到了类似的图形结构, 但是没有像 Möbius 那样认真地从分析和综合两方面做出深入探讨, 并得出 Möbius 环单面性和零体积之类的重要结论, 而且, Möbius 举出过好几种单面性结构, 并不只限于 Möbius 环 (见图 8.8).

　　另外, Listing 还有数学之外的麻烦. 他娶了一个比他小 15 岁的妻子. 她挥霍无度, 滥用信用, 使 Listing 欠了很多债, 到处借钱. 她还虐待佣人, 因此常被人告

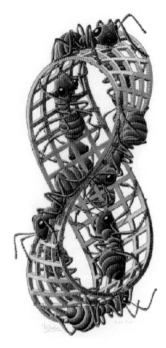

图 8.7　荷兰画家 Escher 笔下的 Möbius 环

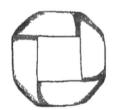

图 8.8　1858 年原著中 Möbius 环的三种衍生结构

到法庭, Listing 则为此陪绑出庭. 这些事使他在学术界难以受到尊重, 他的某些开创性贡献就得不到应有的传颂. 科学史对事实的取舍不存在唯一性. 2006 年, 在 James 主编的《拓扑学史》(*History of Topology*) 中, 有 Breitenberger 的专文介绍 Listing 的经历和贡献, 长达 16 页, 但在末尾的注解中应用了 Pont 的评论说: "如果说 Euler, Listing, Riemann 等人对拓扑学提供了拐棍, Möbius 给拓扑学增添的则是翅膀."

　　整个数学界都对 Möbius 环感到欣喜和荣光. 可是, 山外有山, 天外有天, "于无声处听惊雷". 1973 年前后, 有人发现法国东南部城市阿尔勒的博物馆里收藏了一个扭了五次 180 度的马赛克 Möbius 环. 不久, 又有人在慕尼黑一个博物馆里发

现了一个更清楚的图案, 是大约 2000 年前罗马帝国时用马赛克镶嵌成的 "Möbius
环" (见图 8.9).

图 8.9　罗马帝国时代的 Möbius 环

这幅公元 200—250 年之间的马赛克镶嵌画原来在乌姆 (即今天罗尔凯的萨索
费拉托) 的一所罗马别墅里. 画中掌管时间之神艾昂站在黄道带上, 用黄道十二宫
标志星座装饰, 两旁的树一棵绿色, 一棵光秃, 象征夏季和冬季. 他面向地球之母盖
娅, 四个孩子体现四季. 原作陈列在慕尼黑古代雕塑展览馆. 这幅画反映出古代人
已经懂得 Möbius 环的美妙, 并含时空交融之意. 这和 Möbius 注重几何上单侧性
的微妙, 灵魂深处各有奇思异想. 显然, 这幅画不宜被渲染成 Einstein 时空统一的
雏形. 有趣的是, 现代人一提起 Möbius 环, 总是那么光滑顺畅, 而 Möbius 当初的
分析恰恰也是从马赛克似的图案开始的. 离散与连续互相借用, 有时简直就是无缝
对接.

最后, 谈谈 Möbius 反演的故事. 一般认为, Möbius 只是一位几何学家, 所以,
不少数论书中没有他的地位 (例如, 不断再版的 Ore 的《数论及其历史》(*Number
Theory and Its History*) 以及 2017 年美国数学会 (AMS) 出版的《数论图说》(*An
Illustrated Theory of Numbers*) 中都没有他的名字), 但他对于分析方面的擅长, 使
他能独出心裁, 提出 Taylor 级数展开的逆问题, 由此衍生出来的 Möbius 函数和

Möbius 反演公式在现在的初等数论中已经成为不可或缺的角色. 2013 年 4 月 17 日, 张益唐在《数学年刊》上发表了论文《质数间的有界间隔》, 证明了存在无穷多对质数, 每一对的间隙都小于 7000 万, 从而在孪生素数猜想这一数论重大难题上取得了重要突破. 值得注意的是, 文章中有 40 处提到 Möbius 函数, 6 次提到 Möbius 反演公式. 可见, Möbius 函数和 Möbius 反演对数论研究之重要.

想不到, 哈佛大学图书馆经过大量文献检索表明, 目前教科书上公认的 Möbius 函数和 Möbius 反演公式在 Möbius 的所有著作中, 从来就没有出现过. 这是怎么回事? Möbius 到底做了什么, 才会想出这么个别扭的函数呢? 他何德何能让别人发现的东西非得冠以他的名字呢?

Möbius 是从研究 Taylor 展开的逆问题开始, 找到了 Möbius 级数反演公式和 Möbius 函数的. 函数能做 Taylor 展开必有可微性, 当然是连续函数. 但是, 找到的 Möbius 函数则是个离散的数论函数. 这是谁也没有想到的. 其实, Möbius 也是提出因子求和

$$\sum_{n|k} \mu(n) = \delta_{k,1}$$

的第一人. 他当时 42 岁, 此后没有任何与此有关的工作. 而今, 书本上都把它称为 Dirichlet 求和. 过了近 20 年, Chebyshev 发表了类似文章, 但一点也没有提起他. 随后, 在 19 世纪 50 年代, 人们开始关心级数收敛问题, 数论分支也逐步成型. 可能是因为收敛性问题和当时数学符号的贫乏, 弱化了对 Möbius 贡献的重视. 因此, Dedekind (1831—1916), Liouville(1809—1882), Laguerre(1834—1886) 等大师从 1857 年一直到 1873 年才得出当今流行的 Möbius 数论反演公式.

上面几个故事, 或许隐示着 Möbius 研究的灵感和洞察力、不慌不忙的工作方式, 以及解决问题的巧妙方案. 这是一个不急躁、不浮夸、不傲慢的人, 认认真真地走向完美的人. 尽管历史充满着偶然性和必然性的交融, Möbius 给当今世界还是留下了开创性的重要遗产. 不少人认为 Möbius 太心不在焉、丢三落四, 其实, 他在想那些别人都不以为然的问题, 那是一百年后的人才懂得欣赏的呀! 他真够得上大智若愚, 以一个朴素无华的小环给人类留下了无尽的思念! 从 1971 年到 2004 年, 与 Möbius 环有关的美国实用专利就有 23 项, 与 Möbius 环有关的艺术作品更是不计其数.

1868 年, Möbius 以 78 岁高龄去世, 而比他大四个月的夫人 Dorothea 在 1859 年离世. 若他回首人间, 看到年轻人对他的工作如此喜爱, 当会老泪横流. 如果 Dorothea 问他为什么, 他会答曰, 我真糟糕. 又问为什么, 答曰, 我让他们都误解了.

参 考 文 献

[Apo76]	Apostol T M, 1976. Introduction to Analytic Number Theory. Springer.
[Ast2005]	Aster R C, Borchers B, Thurber C H, 2005. Parameter Estimation and Inverse Problems. Elsevier.
[Bab96]	Babić D, Trinajstić N, 1996. Möbius inversion on a poset of a graph and its acyclic subgraphs. Discrete Applied Mathematics, 67: 5.
[Baz96]	Bazant M Z, Kaxiras E, 1996. Modeling of covalent bonding in solids by inversion of cohesive energy curve. Phys. Rev. Lett., 77: 4370.
[Baz97a]	Bazant M Z, Kaxiras E, Justo J F, 1997. Environment-dependent interatomic potentials for bulk sillicon. Phys. Rev. B, 56: 8542.
[Baz97b]	Bazant M Z, 1997. Interatomic Forces in Covalent Solids? Harvard University.
[Baz98]	Bazant M Z, 1998. Möbius Series Inversion Rediscoved. (1998 年发表在哈佛大学网站上)
[Baz99]	Bazant M Z, 1999. Historical Notes. (在麻省理工学院开设的讲座)
[Bel66]	Bellman R, Kalaba H E, Lockett J A, 1966. Numerical Inversion of the Laplace Transform. Elsevier.
[Bet2007]	Bethell T J, Chepurnov A, Lazarian A, Kim J, 2007. Polarization of dust emission in clumpy molecular clouds and cores. APJ, 663: 1055.
[Bev89]	Bevensee R M, 1989. Comments on recent solutions to the inverse black body radiation problem. IEEE Trans. AP, 37: 1635.
[Boj82]	Bojarski N N, 1982. Inverse black body radiation. IEEE Trans. AP, 30: 778.
[Car80]	Carlsson A E, Gelatt C D, Ehrenreich H, 1980. An ab initio pair potential applied to metals. Philos. Mag. A, 41: 241.
[Car90]	Carlsson A E, 1990. Beyond pair potentials in elemental trasition metals and semiconductors. Solid State Physics, 43: 1.
[Cer80]	Cerofolini G F, 1980. Questions of method in a large class of improperly-posed problems. Bulletin de la Classe des Sciences, Tome, 66: 499.
[Ces1885]	Cesáro E, 1885. Sur l'inversion de certains séries. Annali di Mathematiche Pura ed Applicata, 13: 339.
[Cha61]	Chambers R G, 1961. The inversion of specific heat curves. Proc. Phys. Soc., 78: 941.

[Che1851]   Chebyshev P L, 1851. Note sur differentes séries. Journale de Mathématiques
              Pures et Appliquées, 1(16): 337.

[Che90]   Chen N X, 1990. Modified Möbius inverse formula and its applications in
              physics. Phys. Rev. Lett., 64: 1193.

[Che91]   Chen N X, Ren G B, 1991. Inverse problems on Fermi systems and ionic
              crystals. Phys. Lett. A, 160: 319.

[Che93]   Chen N X, Zhang C F, Zhou M, Ren G B, Zhao W B, 1993. Closed-form
              solution for inverse problems of Fermi systems. Phys. Rev. E, 48: 1558.

[Che97]   Chen N X, Chen Z D, Wei Y C, 1997. Multi-dimensional lattice inversion
              problem and a uniformly sampled arithmetic Fourier transform. Phys. Rev.
              E, 55: R5.

[Che98]   Chen N X, Rong E Q, 1998. Unified solution of the inverse capacity problem.
              Phys. Rev. E, 57: 1302. (6216 页有勘误)

[Che98g]   Chen N X, Ge X J, Zhang W Q, Zhu F W, 1998. Atomistic analysis of the
              field-ion microscopy image of Fe_3Al. Phys. Rev. B, 57: 14203.

[Che2001]   Chen N X, Shen J, Su X P, 2001. Theoretical study on the phase stability,
              site preference, and lattice parameters for $Gd(Fe,T)_{12}$, J. Phys. Cond. Matt.,
              13: 2727.

[Che2001z]   Chen Z D, Shen Y N, Ding J, 2001. The Möbius inversion and Fourier coef-
              ficients. Appl. Math. and Comput., 17: 161.

[Che2010]   Chen N X, 2010. Möbius Inversion in Physics. World Scientific.

[Che2016]   程建春, 2016. 数学物理方程及其近似方法. 2 版. 北京: 科学出版社.

[Che2017]   Chen N X, Sun B H, 2017. Note on divergence of the Champman-Enskog
              expansion for solving Boltzmann equation. Chin. Phys. Lett., 34: 020502.

[Dai2007]   戴显熹, 2007. 高等统计物理. 上海: 复旦大学出版社.

[Dic52]   Dickson E, 1952. History of the Theory of Numbers: Volume I. Chelssea.

[Dif76]   Diffe W, Hellman M E, 1976. New direction in cryptography. IEEE Trans.
              IT, 22(6): 644.

[Dmi2006]   Dmitriev S V, Yoshikawa N, Kohyama M, Tanaka S, Yang R, Tanaka Y,
              Kagawaa, Y, 2006. Modeling interatomic interactions across Cu/α-Al_2O_3
              interface. Comp. Mater. Sci., 36(3): 281.

[Dou92a]   Dou L, Hodgson R L, 1992. Application of the regularization method to the
              inverse blackbody radiation problem. IEEE Trans. AP, 40: 1249.

[Dou92b]   Dou L, Hodgson R J, 1992. Maximum emtropy method in inverse blackbody
              radiation problem. J. Appl. Phys., 71: 3159.

[Dra2004]   Drautz R, Fähnle M, Sanchez J M, 2004. General relations between many-body potentials and cluster expansions in multicompomponent systems. J. Phys: Cond. Matt., 16: 3843.

[Du2021]   Du Z W, Huang X G, Taya H, 2021. Hydrodynamic attractor in a Hubble expansion. Phys. Rev. D, 104: 056022.

[Duf93]   Duffy D M, Harding J H, Stoneham A M, 1993. Atomistic modeling of the metal/oxide interface with image interactions. Phil. Mag. A., 67: 865.

[Ein07]   Einstein A, 1907. Planck's theory of radiation and the theory of specific heat. Ann. Phys., 22: 180.

[Ein21]   Einstein A, 1921. Geometry and Reality. (在普鲁士科学院的报告)

[Ein36]   Einstein A, 1936. Some thoughts Concerning Education. School and Society, 44: 589.

[Esp80]   Esposito E, Carlsson A E, Ling D D, Ehrenreich H, Gelatt C D, 1980. First-prinnciples calculations of the theoretical tensile strength of copper. Philos. Mag. A, 41: 251.

[Fat2017] Fattore M, Bruggemann R, 2017. Partial Order Concepts in Applied Science. Springer.

[Fen2019] Feng Y, Boivin P, Jerome J, Sagaut P, 2019. Hybrid recursive regularized thermal lattice Boltzmann model for high subsonic compressible flows. J. Comput. Phys., 394: 82.

[Fey65]   Feynman R, 1965. The Development of the Space-Time View of Quantum Electrodynamics. (诺贝尔演讲)

[Fey67]   Feymann R, 1967. The Character of Physical Law. MIT Press.

[Fin92]   Finnis M W, 1992. Metal-ceramic cohesion and the image interaction. Acta. Metal. Mater., 40: S25.

[Fro58]   Fröhlich H, 1958. Theory of Dielectrics. 2nd ed. Oxford University Press.

[Ge99]   Ge X J, Chen N X, Zhang W Q, Zhu F W, 1999. Selective field evaporation in field-ion microscopy for ordered alloys. J. Appl. Phys., 85: 3488.

[Gen2005] Geng H Y, Sluiter M H F, Chen N X, 2005. Cluster expansion of electronic exitation: application to fcc Ni-Al alloys. J. Chem. Phys., 122: 214706.

[Gen2006] Geng H Y, Sluiter M H F, Chen N X, 2006. Hybrid cluster expansions for local structural relaxations. Phys. Rev. B., 73: 012202.

[God2021] Godfrey M D, 2021. Noise and information. (预印本)

[Hao2002] Hao S Q, Chen N X, Shen J, 2002. The space group of $Nd_3Fe_{29-x}Ti_x$: A_{2m} or $P2_1/c$. Phys. Stat. Sol. B, 234: 487.

[Har84]   Hardy G H, Wright E M, 1984. Introduction to Number Theory. 5th ed. Oxford University Press.

[Hug90]   Hughes B D, Frankel N E, Ninham B W, 1990. Chen's inversion formula. Phys. Rev. A, 42: 643.

[Hug97]   Hughes B D, 1997. Some applications of classical analysis in physics and physical chemistry. Colloids and Surfaces, A, 129: 185.

[Ji2006]   Ji F M, Ye J P, Sun L, Dai X X, et al., 2006. An inverse transmissivity problem, its Möbius inversion solusion and new practical solution method. Phys. Lett. A, 352: 467.

[Kim85]   Kim Y, Jaggard D L, 1985. Inverse black body radiation: an exact closed-form solution. IEEE tran. AP, 33: 797.

[Kno28]   Knopp K, 1928. Theory and Application of Infinite Series. Blacki & Son Limited.

[Kon2021]   Konar K, Bose K, Paul R K, 2021. Revisiting cosmic microwave background radiation using blackbody radiation inversion. Sci Rep., 11(1): 1008.

[Lan76]   Landman U, Montroll E W, 1976. Adsoption on heterogeneous surfaces. J. Chem. Phys., 64: 1762.

[Li99]   Li D, Goldsmith P F, Xie T L, 1999. A new method for determining the dust temperature distribution in star-forming regions. Astrophys J, 522: 897.

[Lif54]   Lifshitz I M, 1954. Determination of energy spectrum of a boson system by its heat capacity. Zh. Eksp. Theor. Fiz., 26: 551.

[Lig91]   Ligachev V A, Filikov V A, 1991. A new method forcalculating relaxation time spectra, and its application to the study of α-SiH. Sov. Phys. Solid State, 33: 1857.

[Lon2005a]   Long Y, Chen N X, Zhang W Q, 2005. Pair potentials for a metal-ceramic interface by inversion of adhesive energy. J. Phys: Cond. Matt., 17: 2045.

[Lon2005b]   Long Y, Chen N X, Wang H Y, 2005. Theoretical investigations of misfit dislocations in Pd/MgO(001) interfaces. J. Phys.: Cond. Matt., 17: 6149.

[Lon2007]   Long Y, Chen N X, 2007. Pair potential approach for metal/Ai_2O_3 interface. J. Phys.: Cond. Matt., 19: 196216.

[Lon2008a]   Long Y, Chen N X, 2008. Atomistic study of metal clusters supported on oxide surface. Surface Science, 602: 46.

[Lon2008b]   Long Y, Chen N X, 2008. Interface reconstruction and dislocation networks for a metal/alumina interface: an atomistic approach. J. Phys.: Cond. Matt., 20: 135005.

[Lon2008c]   Long Y, Chen N X, 2008. An atomistic simulation and phenomenological approach of misfit dislocation in metal/oxide interfaces. Surface Science, 602: 1122.

[Lon2008d]   Long Y, Chen N X, 2008. Atomic simulation of misfit dislocation in metal/oxide interface. Computational Materials Sciences, 42: 426.

[Lon2008e]   Long Y, Chen N X, 2008. Atomic study of metal clusters supported on oxide surface. Surface Science, 602: 46.

[Lon2009]   Long Y, Chen N X, 2009. Theoretical study of (Ag, Au and Cu)/Al$_2$O$_3$ interfaces. J. Phys.: Cond. Matt., 21: 315003.

[Lon2013]   Long Y, Chen J, 2013. The heat dissipation model and desensitizing mechanism of the HMX/additive interfaces: a theoretical investigation based on linear response theory. Modelling and Simulation in Materials Science and Engineering, 21(5): 055025.

[Lon2017]   Long Y, Chen J, 2017. Theoretical study of the interfacial force field, thermodynamic property, and heat stress for plastic bonded explosives. The Journal of Physical Chemistry, 121: 2778.

[Mad90]   Maddox J, 1990. Möbius and problems of inversion. Nature, 344: 377.

[Mat2006]   Mather J C, 2006. From the Big Bang to the Nobel Prize and Beyond. (诺贝尔演讲).

[Mob1832]   Möbius A F, 1832. Über eine besondere art von umkehrung der reihen. Journal fur die Reine und Angewandte Mathematik, 9: 105.

[Mon42]   Montroll E W, 1942. Frequency spectrum of crystalline solids. J. Chem. Phys., 10: 218.

[Mor90]   Morita T, 1990. Cluster variation method and Möbius inversion formula. J. Stat. Phys., 59: 819.

[Pan2013]   潘承洞, 潘承彪, 2013. 初等数论. 3 版. 北京: 北京大学出版社.

[Pei2014]   佩捷, 王兰新, 等, 2014. 从麦比乌斯到陈省身: 麦比乌斯变换与麦比乌斯带. 哈尔滨: 哈尔滨工业大学出版社.

[Ren2021]   Renarda F, Feng Y, Boussugea J, Sagaut P, 2021. Improved compressed hybrid lattice Boltzmann method. Computers and Fluids, 219: 104867.

[Riv78]   Rivest R, Shamir A, Adleman L, 1978. A method for obtaining digital signatures and public-key cryptosystems. Communication of ACM, 21: 120.

[Ros93]   Rose H, 1993. Möbius inverse problem for for distorted black-holes. Nuovo Cimento Fisica B, 108: 133.

[Rot64]   Rota G C, 1964. On the foundations of combinatorial theory 1. Theory of Möbius functions. Z. Wahrsch. Verw. Gebiete, 2: 340.

[Sch2009]   Schroeder M R, 2009. Number Theory in Science and Communication. 5th ed. Springer-Verlag.

[She2017]   She Z S, 2017. Modified Chapman-Enskog expansion: a new way to treat divergent series. Chin. Phys. B, 26: 080501.

[Shen2001]   来自与申江的私人通讯.

[Sho94]   Shor P, 1994. Algorithms for quantum computation: discrete logarithms and factoring. Proceedings of the 35th Annual IEEE Symposium on Foundations of Computer Science: 124.

[Smo2006]   Smoot G, 2006. Cosmic Microwave Radiation Anisotropies: Their Discovery and Utilization. (诺贝尔演讲)

[Spe90]   Spector D, 1990. Supersymmetry and the Möbius inversion function. Commun. Math. Phys., 127: 239.

[Sri92]   Srivastava H M, Buschman R G, 1992. Theory and Applications of Convolution Integral Equations. Springer.

[Sun2008]   Sundararaghavan V, Zabaras N, 2008. Weighted multibody expansions for computing stable structures of multiatom systems. Phys. Rev. B, 77: 064101.

[Ver2002]   Vervisch W, Motter C, Goniakowski J, 2002. Theoretical study of the atomic structure of Pd nanoclusters deposited on a MgO(100) surface. Phys. Rev. B, 65: 245411.

[Wan97]   Wang J M, Zhou Y Y, 1997. Temperature distribution of accretion disks in active galactic nuclei. Astrophys J, 469: 564.

[Wang2010]   Wang Y D, Chen N X, 2010. Atomic study of misfit dislacations in metal/SiC (111) interfaces. J. Phys.: Cond. Matt., 22: 135009.

[Wang2013]   王怀玉, 2013. 物理学中的数学方法. 北京: 科学出版社.

[Wu2012]   吴崇试, 2012. 泰勒展开公式的新认识 ③: 卷积型级数的 Möbius 反演. 大学物理, 031(003): 1.

[Wu2019]   吴崇试, 高春媛, 2019. 数学物理方法. 3 版. 北京: 北京大学出版社.

[Xie91]   Xie T L, Goldsmith P F, Zhou W, 1991. A new method for analyzing IRAS data to determine the dust temperature distribution. Astrophys J, 371: L81.

[Xie93]   Xie T L, Goldsmith P F, Shell R L, Zhou W, 1993. Dust temperature distributions in star-forming condensations. Astrophys J, 402: 216.

[Xie95a]   Xie Q, Chen N X, 1995. Unified inversion technique for fermion and boson equations. Phys. Rev. E, 52: 351.

[Xie95b]   Xie Q, Chen N X, 1995. Matrix-inversion: applications to Möbius inversion and deconvolution. Phys. Rev. E, 52: 6055.

[Zha2002]   Zhang S, Chen N X, 2002. Ab initio interionic potentials for NaCl by multiple lattice inversion. Phys. Rev. B, 66: 064106.

[Zha2003]   Zhang S, Chen N X, 2003. Determination of the B1-B2 transition path RbCl by Möbius pair potentials. Philos. Mag., 83: 1451.